晶韵华章

中国珠宝玉石首饰行业协会　编著

二零一五年

GUANGXI NORMAL UNIVERSITY PRESS
广西师范大学出版社
·桂林·

编委会

EDITORIAL BOARD MEMBERS

前言

PREFACE

水蕴晶华

水晶又称水精、水玉。自古以来，人们就把水晶当作水的精灵，水化成的美玉。在矿物学上，水晶虽然属于石英的大家族，但确为纯净的单晶体，并在适合的地质条件下可以象生命体一样生长。水晶具有聚焦折射、储存与传递信息、能量转换与扩大的功能。因此，人们认为水晶凝结天地之精华，汇集自然之能量。

水晶特有的晶形，晶莹的质感，灵动的色彩，赏之可以感受自然之美，悟之可以领略自然之神奇。在人与水晶的对话和内在的感悟中，雕刻大师们在因材施艺的基础上，创作出了一件件精美的作品。自然之美、创意之妙、工艺之精，使每一件水晶作品都蕴含了、体现出了人与自然的和谐。

中国珠宝玉石首饰行业协会和东海县人民政府开创并主办的 2015 首届中国天然水晶“晶华奖”展评活动，一共征集了 394 件作品入围，包含水晶雕刻品、观赏石、饰品等。经专家评审组严格、公正的评选，评出了 13 件金奖作品，26 件银奖作品，58 件铜奖作品，10 件最佳创意奖，8 件最佳工艺奖，279 件优秀作品。可以说，件件作品都体现了大师的工艺与智慧，都是不可多得的艺术珍品。我们希望业内大师藉此可以交流、学习、提高，我们渴望获奖作品藉此可以找到缘定的归宿，我们期待业内外人士共同推进水晶文化产业的繁荣与昌盛。

孙凤民

目录 CONTENTS

金奖

水晶是佛家七宝之一，自古以来因通透的质地、璀璨的光华而成为人们心中迷人又神秘的器物。澄澈的机体，旷世的精灵，水晶蕴藏着天地间的灵秀之气，流淌着宇宙里的雄浑之韵，凝聚着文明古国的文化情结。

四臂观音

金奖

材质：水晶
尺寸：38×30×14cm
作者：翁祝红
送评人：翁祝红

作品造型圆融精巧，居中有圆形切面，显得层次分明。而底部细雕清流激起涟漪点点，让作品更富有变化，十分新颖独特。观音端坐莲台，体态端庄娴雅，面容秀丽，给人高贵富丽之感。最令人难忘的是观音一抹微笑，可亲而神秘，妙不可言。

内画链条瓶

金奖

材质：水晶
尺寸：8×5×55cm
作者：刘守本
送评人：李佳鹏

作品取法传统造型，瓶身颀长秀雅，双耳纹饰古朴，而修长的活环瓶链则更显灵动。瓶身内画传统书画，高士骑驴踏雪寻梅，身后童子相随，高士蓦然回首，只见水边寒梅盛开，画面清雅至极。而瓶口也装饰着传统花草纹饰，更添几分富丽。

鱼

金奖

材质：烟晶
尺寸：30×20×40cm
作者：郑燕
送评人：郑燕

作品造型新巧，一颗明珠上两尾鱼儿欢游，周边环绕小水珠，鱼水浑然一体，灵动可爱。两只鱼儿神态自在惬意，作者用哑光将鱼鳞的质地展现得极为细腻。

双修金刚萨埵

金奖

材质：水晶
尺寸：36×22cm
作者：邹小林、渠守宝
送评人：邹小林

作品雕工严谨，金刚萨埵结跏趺坐于莲座上，头戴五佛宝冠，四肢佩戴臂钏、腕镯、足钏等，双手分持金刚杵和金刚铃，给人庄重之感。金刚萨埵拥抱明妃，二者双合寓意着阴阳合体，智慧与方法结合。整座造像极富动态，线条灵动多变，可谓工、形、神俱佳。

鸮首瓠

金奖

材质：水晶
尺寸：27×60×20cm
作者：吴建敏、王万军
送评人：王万军

作品造型颀长秀雅，线条流畅明快，加上底部古雅的纹饰，整体颇有飘逸浪漫的古风。细看把手为兽形装饰，古朴可爱，而顶部装饰鸮首，雕工细腻，明暗对比鲜明，更显灵动多姿。整体而言，作品融古今于一炉，意境隽永，令人难忘。

乾坤世界

金奖

材质：发晶
尺寸：直径30cm
送评人：郑燕

直径30厘米的金发晶球是极为罕见的。历经亿万年的沉默，集天地之灵，聚山水之气。虽然无语，但石破天惊；长期隐没，但美丽永恒。

黄财神

金奖

材质：黄晶
尺寸：35×62×28cm
作者：张立成
送评人：张立成

作品线条繁复多变，如传统工笔画工整细致，加上细腻的雕工，整体给人精巧玲珑之感。黄财神腹部隆起，十分富态，面庞饱满，头戴宝冠，衣饰华丽，足见其身份之尊贵特殊。整体来看，作品构图疏密有致，层次丰富，足见作者工艺之高超。

醉金山

金奖

材质：发晶
尺寸：60×36×22cm
送评人：石圃水晶精品馆

这块水晶的外轮廓呈现出圆滑起伏的曲线，再加上水晶内部复杂多变的结构，散发出强烈的神秘感。而密布于水晶内部下方基底的发丝状包裹体，如同用金线织就的波斯地毯上的丝绒，又有如喜获丰收的金黄色麦田随风飘荡。既有富贵喜庆的寓意，又有一种超现实的独特美感。

金色年华

金奖

材质：发晶
尺寸：40×30×15cm
送评人：陈明强

密布的发丝，排列整齐可见猫眼效果，晶体干净、发晶颜色均匀。这样金属光泽强烈的发晶原料已经很难见到。

青翠谷

金奖

材质：水晶（含绿泥石包裹体）
尺寸：18×9×9cm
送评人：孙彬

原料俗称为绿幽灵水晶，是一种“绿泥石”的矿物质包裹在水晶里面而形成的，因为其丰富的内部形状和万千变化的形态为人们所喜爱。同时，绿幽灵除了有观赏石收藏价值以外，在水晶文化中它也是旺事业主正财的“财富水晶”。绿色也是生命生生不息的永恒象征。此件绿幽灵观赏石是此类水晶中稀有品种，极其珍贵。整件作品像一幅立体的山水画作，一处长满青翠草木的山谷。

梦想腾飞
金奖

材质：发晶
尺寸：28×18cm
作者：柯加乐
送评人：汪兵

作品构图极简洁，一侧是展翅高飞的苍鹰，一侧是一位面容姣好的女性的侧脸，长发迎风飘飘，远观轮廓如天使翅膀，设计十分巧妙。整幅画面虚实结合，很有哲理意味，引人遐思无限。此外，原石底部金色的结晶和透明的质地也让作品愈显精致。

精心之晶彩

金奖

材质：水晶、S925
尺寸：吊坠 3.4×2.0cm 戒指1.7×3.3cm 耳饰3.4cm
作者：蒲昭
送评人：梦妮尔・丹品牌

这套作品采用了较为简洁的设计，主要利用精细的切工来体现白水晶的璀璨剔透。在小巧玲珑的水晶石表面，由无数多边形组成的多面体所折射出的光线，给人以冰雪般的清冷纯洁之感。

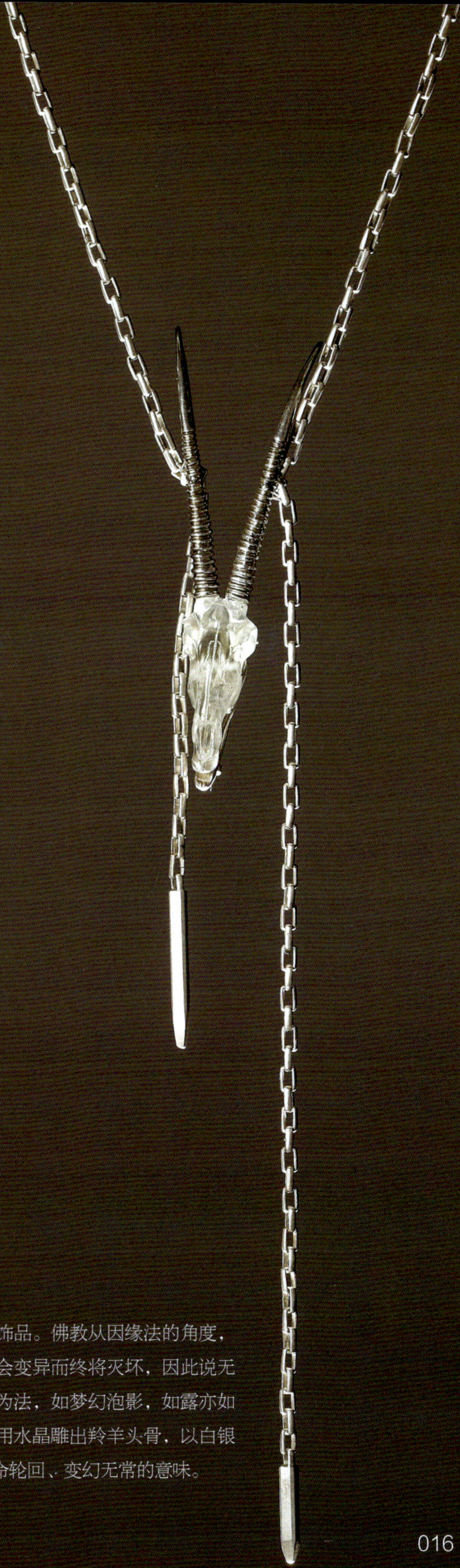

无常

金奖

材质：水晶
尺寸：12×2×2.8cm
作者：章藻藻
送评人：章藻藻

这是一件极富宗教意味的饰品。佛教从因缘法的角度，说明诸法是因缘生，由于因缘会变异而终将灭坏，因此说无常。如金刚经所说："一切有为法，如梦幻泡影，如露亦如电，应作如是观。"这件作品用水晶雕出羚羊头骨，以白银制成羚羊角及锁链，体现出生命轮回、变幻无常的意味。

银奖

水晶在生长过程中常受其他矿物元素的侵袭，从而在晶体内部或表皮形成多种多样的包裹体或皮色，景象之奇绝往往超乎人们的想象，因此具有极佳的观赏性，若再得艺术家的巧妙雕琢，将天然美感化蕴在人工图景之中，则更添意趣。

黄财神

银奖

材质：烟黄晶
尺寸：42×63×28cm
作者：张巨成
送评人：张巨成

作者因材施艺，作品远观如高山巍峨，财神如端坐山顶云间，分外庄严，引人敬畏。细看财神体态丰腴，面庞饱满，头戴华冠，衣饰华丽，足见其身份之尊贵特殊。整体来看，作品构图疏密有致，线条灵动多变，足见作者雕工之高超。

四臂菩萨链条瓶

银奖

材质：水晶（含绿泥石包裹体）
尺寸：26×9×4.5cm
作者：魏敦旭
送评人：张延波

作品造型端正古雅，瓶身饱满圆融，瓶口纹饰繁复富丽，瓶链为活环链条，灵动多姿，整体精巧玲珑。瓶身内雕四臂菩萨，菩萨端坐莲台，头戴华冠，脖饰璎珞，衣带飘逸灵动，面容慈和，其华贵端庄之态让人心生敬畏。

佛祖

银奖

材质：发晶
尺寸：高20cm，直径14cm
作者：张玉成
送评人：石圃水晶精品馆

作品底部是端正莲台，而整体又状如未开的莲花花苞，设计可谓精妙至极。作者用细腻的线条雕出佛祖半身像，佛祖长耳垂肩，面如满月饱满，慈眉善目，十分可亲。佛祖下半身隐于密集的黄色结晶中，给人神秘之感。

万佛朝宗

银奖

材质：水晶（含绿泥石包裹体）
尺寸：56×42×26cm
作者：洪福寿
送评人：张华

作品造型圆融精巧，层次分明，给人华贵富丽之感。正中是佛祖端坐莲台，面露微笑，法相慈和。作者巧妙地设计双层背光，点缀朵朵莲瓣，灵动多姿。令人称奇的是作者在小小莲瓣上雕琢万佛，每一尊佛像姿态各异，神情不一，足见其高妙的艺术修为。

《地藏王·圣愿》组雕

银奖

材质：水晶
尺寸：56×20×20cm
作者：刘忠山、周飞祥、陈禹潇
送评人：刘忠山

地藏菩萨发愿救度一切罪苦众生，尤其是地狱众生，如此大愿也即作品之主题“圣愿”。作者以三尊不同的地藏王造像来进行诠释，着重凸显地藏王净心修持，通过自身努力来帮助众生解脱。三尊造像形神动态各异，却又统一于“圣愿”的主题之下。

火树银花

银奖

材质：发晶
尺寸：10×6.6cm
送评：石圃水晶精品馆

观石便知其意，火红的树，银色的花，像极了大放焰火的灿烂夜景，绚丽璀璨。火树银花合，星桥铁锁开。暗尘随马去，明月逐人来。

青山不老

银奖

材质：水晶（含绿泥石包裹体）
尺寸：9×11cm
送评人：李广军

翠绿色的绿泥石在晶体内形成全包体的一座青山，青山不老，美不胜收，寓意吉祥长久。

八骏图

银奖

材质：水晶
尺寸：100×70×52cm
作者：苏明贤
送评人：苏明贤

作者俏色巧雕出八匹骏马，底座如山石坚固，骏马通体洁白，整体层次分明，极富装饰感。细看每一匹马身形雄健，昂首疾驰的姿态各异，却皆灵动优雅。作品整体雕工细腻，而气势则雄浑如万马奔腾，十分震撼。

链条蕉叶炉

银奖

材质：水晶
尺寸：40×16×7cm
作者：马光超、张居志
送评人：马光超

蕉叶炉由整块水晶雕刻而成，造型端庄优美，装饰繁简得当，独具美感。作者以高超的雕刻技巧在链条瓶的盖顶，瓶肩两侧及足部上端镂雕芭蕉叶纹饰，并衔有大大小小的活环，精致美观，而瓶体上长长的活链更是绝妙，极见功力。

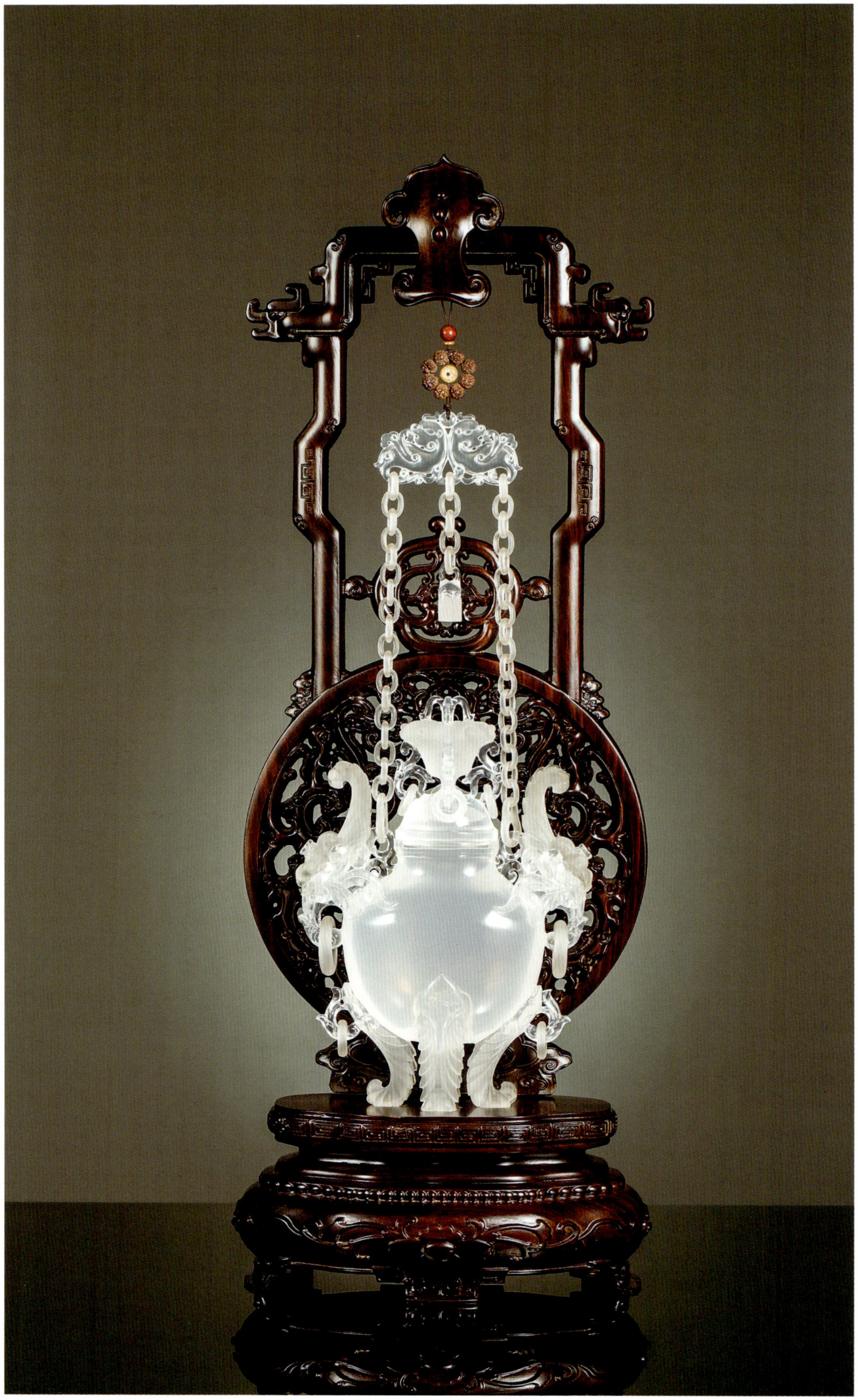

自在观音

银奖

材质：黄晶
尺寸：高30cm
作者：吴健和
送评人：汪兵

作品造型颀长、端正，状如山峰耸立，观音如脚踩祥云，端坐山顶，气势之开阔壮大令人赞叹。细看观音体态庄雅，面容秀美，妙手纤纤，一手做莲花手，一手执法器，给人沉静肃穆之感，而华丽的衣饰则更添几分华贵。

金菊

银奖

材质：发晶
尺寸：15.5×13.5cm
送评人：李广军

这是一件非常美丽的观赏水晶，晶体一流，色彩一流，包体一流，朵朵金色菊花遍布晶体内，光华灿烂，美不胜收。

黄财神

银奖

材质：发晶
尺寸：22×16×12cm
作者：王云庆
送评人：王云庆

作者随料赋形，用简洁的线条勾勒出多维空间，呈现出几何式的美感，十分新颖独特。黄财神被置于正面的三角状平面中，分外引人注目。细看黄财神体态丰腴，面庞饱满，衣饰富丽，给人高贵、威严之感。

母亲
银奖

材质：发晶
尺寸：13 × 11.5 × 10cm
作者：吴健和、李丽新
送评人：吴健和

作者结合现代造型手法，随形雕出低头缝补衣服的老母亲形象，呈现出雕塑一般的庄重感。老母亲两鬓斑白，脸上爬满皱纹，低头认真缝补的慈爱模样，让人不由想起那句“慈母手中线，游子身上衣”，可谓感人至深。此外，作者的俏色手法也十分巧妙，人物的满头银发浑然天成。

玉玺
银奖

材质：发晶
尺寸：25 × 25 × 25cm
作者：吴建敏、王万军
送评人：王万军

玉玺取法传统，造型中正典雅，而密集的针状结晶则更添几分灵动。作者以大写意的手法雕瑞兽，瑞兽蜷身低首，神态威而不猛，驯服的憨态十分可爱。此外，作者用亮光、哑光对比突出鳞片等细节，更显生动自然。

空

银奖

材质：芙蓉石
尺寸：10×10×25cm
作者：李根、李苗、王志芳
送评人：应汶玉文化研究院

作者以写意手法造像，用极简的线条勾勒出僧人外形，加上原石通体晶莹的质地，整体呈现出道家“虚室生白”之美，可谓妙绝。细看人物身形隐于长袍中，面容清秀沉静，双手合十，似陷入冥思，境界之清净空明，令人过目难忘。

兰生幽谷

银奖

材质：S925、发晶、锆石
尺寸：5×3×0.7cm
作者：王印
送评人：王印

这件作品充满中国古典韵味。兰花本就是中国传统文人所推崇的“花中君子”，作品以类似中国古典镜框窗棂的风格做成八角轮廓，兰花造型也借鉴了传统工笔画，颇具匠心。

美猴王

银奖

材质：水晶（含绿云母包裹体）
尺寸：5×4×3cm
送评人：刘梓豪

绿云母包裹体水晶本就稀少罕见，而此件饰品中的水晶更是奇中之奇。晶莹剔透的白水晶正中，绿云母的形状呈现出“美猴王驾驭筋斗云”的图形。无论是美猴王迎风探首的神态还是随风飘动的衣袂，都栩栩如生，而绿云母浓淡相宜的色彩更是体现出水墨的美感。

春意盎然

银奖

材质：水晶（含绿泥石包裹体）
尺寸：28×18×9cm
送评人：石圃水晶精品馆

水晶在生长过程中包含了一些绿色的火山泥灰，看起来如同绿色的幻影，又似万山碧野，层林尽染，春意盎然、生机勃勃，青山绿水人人爱，闻石知是春意来。

天宫一号

银奖

材质：水晶（含云母包裹体）
尺寸：12×10×9cm
送评人：刘梓豪

天宫一号是中国第一个目标飞行器和空间实验室，于2011年成功发射。这件水晶中的白云母包裹体，恰似体型近似圆柱形的天工一号，且带有类似太阳能电池板的片状结构，包裹体稍微倾斜上扬，象征着我国蒸蒸日上的航天事业。

地藏王菩萨
银奖

材质：水晶
尺寸：80×17×15cm
作者：翁祝红、宋云峰
送评人：翁祝红

作品效仿传统造像形制，整体如石刻造像庄重典雅。作者用工笔画般细腻的线条雕出菩萨半身，周边则装饰抽象化的流动线条，呈现出古今交融的独特美感，令人过目难忘。细看地藏王菩萨面如满月，容貌俊朗，给人高贵沉静之感。

观音
银奖

材质：发晶
尺寸：53×28×12cm
作者：霍变红
送评人：刘标

作品晶莹的质地和渐变的色彩营造出灵动多姿的视觉效果。作者在作品上端巧雕观音，观音脚踏祥云，体态婀娜，容貌端庄秀丽，堆叠的衣饰华美飘逸，周身环绕柔美云纹，整体给人高贵富丽之感。

风荷
银奖

材质：发晶
尺寸：70×30×30cm
作者：韩青
送评人：韩青

作者随料赋形，不规则的形状加上密集的天然结晶，作品恍若浑然天成，满溢自然之趣。作品通体晶莹，如清澈水面，水上几朵素莲轻绽，清新柔美。作者用灵动的线条呈现出纤柔花瓣迎风摇曳的动态，观之飘逸浪漫，令人难忘。

释迦
优秀奖

材质：水晶
尺寸：70×45×24cm
作者：郑燕
送评人：郑燕

作品所选用的材质为素雅的茶色水晶，沉稳庄重，十分适合用来表现佛教题材。作者以佛祖的形象为基础进行构思设计，用高浮雕的手法雕刻佛首、卍字符法轮、结跏趺坐盘坐的佛祖等元素，打造出一个庄严宁静的佛国世界，观之心生敬畏。

一带一路系列之“扬帆”

银奖

材质：紫黄晶、紫晶、黄晶、S925
尺寸：5×4cm
作者：设计顾意全、制作张建国
送评人：高进

此件饰品具有鲜明的主题，同时又具有很强的异域民族风格和很强的装饰性。作品以紫黄晶作为帆船主体核心，而以细小的紫水晶与黄水晶交错进行桅杆的装饰，仿佛航行在海上丝绸之路中的帆船在月光下映出的神秘色彩。蓝白渐变的船舷体现出“乘风破浪”的意味。

太阳花

银奖

材质：发晶
尺寸：5×5×3cm
作者：孙彬
送评人：孙彬

作品造型时尚简约，饱满圆融的外托如一轮圆日，加上镶嵌的细小水晶，给人华贵富丽之感。而居中镶嵌的大块水晶有着独特排列的金色结晶，远观如花朵绽开，自然灵动之姿分外动人。

观音

银奖

材质：发晶
尺寸：40×39×17cm
作者：林志萍
送评人：林志萍

作品远观如微缩石窟造像，而原石的色彩亦如山石，更显自然生动。作者用流畅的线条勾勒出作品外形，简约明快，极富装饰性。而观音则精雕细琢，线条繁复多变，如工笔画精细动人。令人称绝的是作者对背光的处理，作者巧妙利用原石的天然裂缝加以精细打磨，呈现出华彩熠熠的视觉效果，美不可言。

铜奖

清透的晶体，多彩的色泽，富于变化的品相，使得水晶充满了诗意。在古人的许多诗词里，都可以见到关于水晶的描摹、比拟，并且与各种美好的事物相关。可见水晶在世人眼中是何其珍贵，何其美妙。

如意轮观音

铜奖

材质：水晶
尺寸：45 × 30 × 18cm
作者：吴志游
送评人：吴志游

如意轮观音以质地纯净无暇的无色水晶雕成，通透莹洁，明艳动人。坐姿的观音开脸端正，鼻梁挺直，眉眼含笑，面目之间尽显慈悲宁静之态。观音六臂六手，或持如意，或握莲花，或托宝珠，灵动妙曼，多姿多样，令人印象深刻。

关公

铜奖

材质：水晶
尺寸：20×16×12cm
作者：吴庆同
送评人：吴庆同

关公是忠义和勇武的象征，在民间有着广泛的信仰，也是艺术创作中的重要题材。此件作品中作者以圆雕的手法进行塑造，坐于石上的关公长须美髯，剑眉吊梢，双手环抱于胸前，带着一身正义，一柄青龙偃月大刀立于身后，更是昭示着他无与伦比的勇武之气。

福如东海

铜奖

材质：水晶（含绿泥石包裹体）
尺寸：58×51×31cm
送评人：杨东生

这是一块非常大气的观赏石，色彩浓郁厚重的包裹体如同泼墨山水画中紧密的笔触一般，又如同气势磅礴的海浪覆盖拍击在苍劲的礁石之上。山象征着生活安稳，海象征着事业开拓，这件观赏石赋予拥有者极好的寓意。

卧观音

铜奖

材质：芙蓉石
尺寸：31×32×12cm
作者：马传君
送评人：马传君

作品所选的芙蓉石质感圆润，色泽粉嫩娇艳，作者将之雕刻成一尊侧卧的观音，为漂亮的材质增添一份文化内涵。观音肌肤丰盈，神态安详，一手持莲花，一手撑头，侧卧在莲花荷叶之上，整体氛围宁静祥和，有抚慰人心灵的效果。

年年大丰收

铜奖

材质：发晶
尺寸：30×15×10cm
作者：王超
送评人：王超

水晶内部纹理平直而集中，作者巧妙地用它创作出一根成熟的玉米，颗颗籽粒饱满晶莹，金黄的色泽在灯光下散发着诱人的气息。作品取名“年年大丰收”，喜悦吉庆，寓意美好。

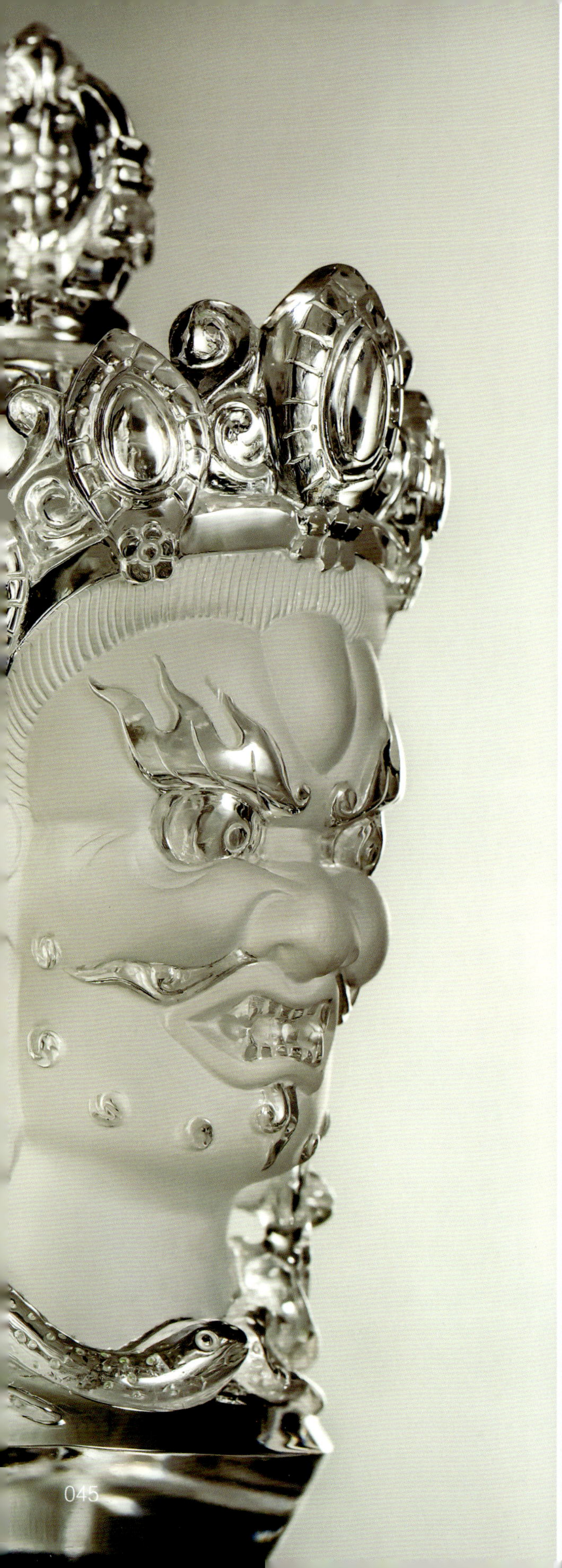

金刚降魔杵

铜奖

材质：水晶
尺寸：42×12×12cm
作者：翁祝红
送评人：李广静

金刚降魔杵以整块水晶雕成，亮光与哑光抛光技巧的交替使用使作品内容清晰又层次变化丰富。金刚降魔杵最精彩的部分在顶端部分，呈忿怒相的三面金刚怒目圆睁，龇牙咧嘴，刻画十分生动。下端的三棱带尖利刃，寒光闪烁，象征着金刚降魔杵威猛的法力，能够降伏魔怨。

太平有象

铜奖

材质：发晶
尺寸：14×33×10cm
作者：吴建敏、王万军
送评人：王万军

瓶型敦厚简约，自盖钮至足底都处理得晶莹光洁，没有多余的图案装饰；在瓶肩部有对称象首双耳，套活环。瓶盖及颈部的材质内部有细如发丝的针状矿物质，流光闪烁，天然美观；瓶腹则是质地相对纯净的茶色水晶，沉稳素雅，别具美感。

把玩瓶

铜奖

材质：发晶
尺寸：3.5×11.5×3.5cm
作者：王万军
送评人：王万军

水晶通透光洁的质地将内部的纹理形态呈现得一览无余，作者以此出发设计出一件素面无饰的水晶瓶。水晶瓶造型俊秀挺拔，整体采用亮光抛光处理，水晶内部纤细的发晶和中心的红色柱体肉眼可见，自然美观，赏心悦目。

留得残荷听雨声

铜奖

材质：发晶
尺寸：18×7×6cm
作者：吴健和、李丽新
送评人：吴健和

《红楼梦》中，黛玉说自己最不喜欢李商隐的诗，但却偏偏只喜欢“留得残荷听雨声”一句。此件作品即以此句为题进行创作，用黄兔毛水晶巧雕出枯萎的荷叶、莲蓬和一只水鸟，将诗句所包含的孤独与闲适状态呈现得十分到位。

持珠观音

铜奖

材质：黄晶
尺寸：9.8×4.4×1.5cm
作者：朱仁尊、魏亚青
送评人：朱仁尊

作品为厚薄适中的水晶牌，多边形的几何外观简洁别致，作者以浮雕的形式在牌面雕出一尊站姿的观音形象。观音右手持佛珠一串，左手握右手腕部，共垂于腹前；观音简约的衣饰、庄严的法相与黄水晶素雅温暖的颜色相得益彰，颇能触动人心。

千丝万缕

铜奖

材质：发晶
尺寸：18×12×12cm
送评人：石圃水晶精品馆

像美女的发丝一样，美丽飘逸，飘动感极强的包裹体看了之后给人一种悸动。

卧佛

铜奖

材质：发晶
尺寸：57 × 56 × 22cm
作者：霍变红
送评人：刘标

卧佛的形象来自释迦牟尼寂灭时的情形，常采用侧卧或侧躺的造型。此件作品以摆件的形式进行刻画，释迦牟尼一手撑头侧卧树下，他双目微闭，神情庄严而安详。佛陀背后水晶雕成的高山与红木底座雕刻的山石流水等景物相配合，营造出一种宁静的画面气氛。

仙猴贺寿

铜奖

材质：发晶
尺寸：30×30×17cm
作者：马传君
送评人：马传君

作品表现了几只可爱的猴子在一棵桃树上摘桃的情形，饱满的寿桃和调皮的猴子刻画精到，生动传神地寄托贺寿的吉祥祝福。猴子和树干以哑光的形式处理，桃树的叶子和桃子抛以亮光，对比之下，不同事物的形象与质感特点都被凸显出来。

连年有余

铜奖

材质：水晶
尺寸：37×58×30cm
作者：王万军
送评人：王万军

作品以细致写实的手法刻画了几尾形态各异的金鱼，每一尾金鱼的鳍、鳞、眼睛、头型等细节都处理得十分到位，生动逼真，精彩绝伦，仿佛是鱼游到了水晶上。传统文化中，“鱼”谐音“余”，作者将作品取名“年年有余”，更添吉祥美意。

水月观音

铜奖

材质：水晶
尺寸：20 × 38 × 18cm
作者：张玉成
送评人：张玉成

水月观音是佛教艺术中观音的经典造像之一，也是水晶雕刻中常见的题材。此件作品中的观音开脸端正，面相饱满，华美的璎珞和灵动的飘带更衬托出她的端庄慈悲之感。她头顶火焰背光，乘一只望天吼坐骑，大慈大悲，救苦救难，普度众生。

地藏王菩萨
铜奖

材质：发晶
尺寸：7×5.2×1.5cm
作者：魏敦旭
送评人：魏敦旭

作品表现地藏王菩萨和他身边的两位侍者，地藏王菩萨端坐中央，低眉垂目法相庄严，道明和尚与闵公恭敬相伴，分立左右。作品的精彩之处在对水晶材质特点的把握，作者利用材质内部的矿物包裹体雕刻出地藏王菩萨手中所握的金刚杵，设计合理得当，有巧夺天工之感。

晶中文字（系列）

铜奖

材质：水晶（含包裹体）
送评人：唐卫华

这30件水晶石是从数百吨天然水晶中精选而来，它们的包裹体有红碧玺、绿碧玺、白碧玺、黑碧玺、金发晶、红胶花、黑云母，等等。绝妙之处在于，它们中的文字可以组成一副对联：“一女从山小，二人开火大。”对仗工整，横批是“门卜八吕”，加一个字“丰”字，计15个中文汉字。另有10个（其中有两个I）字母为：“CKLNOVXYI。”它们是汉语拼音字母，也可以是英文字母。还有5个阿拉伯数字：“2、3、4、9、7”，共计30个文字。这套水晶鬼斧神工，世间绝无仅有。

思楚

铜奖

材质：发晶
尺寸：8×13×5cm
送评人：周毅

这方水晶观赏石从侧面看，宛如哀伤悲愤的屈原形象。只见他清癯瘦长，面容憔悴，长发散乱，衣襟随风飘动，目光深邃苍凉。整体图案构图简洁，气势雄深，意远色谐，深沉飘逸，由灰色包裹体及发晶形成的背景似芦苇，如沙坡，更加深水天一色之感，造物之神令人感叹。

龙卷风

铜奖

材质：发晶
尺寸：59×43×30cm
送评人：石圃水晶精品馆

水晶石中卷曲绵密的包裹体层层叠叠，如大漠之中风暴卷起的万丈沙尘。大自然的力量，造就了奇石如此美景，如梦如幻，千姿百态，这就是天然水晶的魅力。

金刚萨埵

铜奖

材质：发晶
尺寸：26×19cm
作者：石圃水晶精品馆
送评人：石圃水晶精品馆

金刚萨埵是佛教密宗中的重要圣尊。此件金刚萨埵以金发晶雕刻而成，手法高超，人物比例协调，动态自然，体现出高超的创作技巧。金刚萨埵跏趺而坐，双手各持一法器于胸前，长长的飘带在臂间舞动，有情而勇猛的宗教形象被刻画得恰到好处。

金龙鱼

铜奖

材质：黄晶
尺寸：28×8×15cm
作者：杨东生
送评人：杨东生

金龙鱼是一种名贵的观赏鱼，常常被作为家财和身份地位的象征。作品中的金龙鱼以黄水晶雕刻而成，细致的鳞片，流畅美观的鱼鳍，在光线照射下耀眼夺目，与现实中金龙鱼散发出的金色金属光泽颇为相像，自然巧妙，赏心悦目。

观世音

铜奖

材质：水晶
尺寸：17.5×45×15cm
作者：单江红
送评人：单江红

观音法相千变万化，因创作者而各有特点，此件观世音立像更趋温婉柔美之态。作品中的观音衣着华美，密发高髻，美观大方；饱满的面部双眉细长，口鼻玲珑，垂目含情以示慈悲，流露出一种温柔恬静的气质。水晶雕成观音与鎏金的火焰背光搭配，也使水晶材质的纯净素雅更加彰显。

童子戏佛

铜奖

材质：发晶
尺寸：10×25×10cm
作者：王志高
送评人：汪兵

作品整体塑造生动有趣，人物的精神面貌和神情动态都表现传神。摆件中的弥勒佛大腹便便的外形象征大肚能容的处世智慧，而笑口常开的表情传达出乐观向上的生活态度；而两个调皮的童子在弥勒身上攀援嬉戏，更让人产生一种亲切慈悲的感受。

瓶

铜奖

材质：发晶
尺寸：16×23×16cm
作者：马传君
送评人：马传君

水晶瓶以发晶雕刻而成，作者因材施艺，用简洁的外观造型和亮光为主的抛光处理呈现材质的天然质地。水晶内部的矿物质纹理如漫天四溅的星火流光，在光洁晶莹的瓶内飞舞闪烁，绚丽灿烂，宛如梦幻。

天使

铜奖

材质：水晶
尺寸：22×31×8cm
作者：张芹
送评人：张芹

天使作为西方文化中的形象也越来越受到中国人的喜爱。此件水晶作品大胆尝试这一题材，精心构思设计出两个天使的形象，一个手托水晶球，力大无穷；一个趴在水晶球上，俏皮可爱。水晶球中又雕四面人像，比例严谨，刻画细致，展现出作者高超的雕刻技巧。

荷塘春色

铜奖

材质：烟晶、发晶
尺寸：46×34×16cm
作者：霍变红
送评人：刘标

作品所选用的茶色发晶色彩富于变化，作者因材施艺，设计出一片充满生机的荷塘景色。池塘中的荷花盛放，水质清澈，几尾小鱼在浪花里畅游，两只敏捷的翠鸟静静等待捕鱼时机。作品整体意境优美，充满恬淡悠闲的意趣。

大丰收
铜奖

材质：发晶
尺寸：53×58×27cm
作者：苏明贤
送评人：苏明贤

摆件以大丰收为主题，所表现的内容十分丰富，金黄的玉米，晶莹的葡萄，沉甸甸的谷穗，小巧的葫芦，饱满的花生，上面还趴着一只蟋蟀和一只小鸟。作者将丰收的情形以具体直观的形象呈现于人们的眼前，颇能触动人心。

鱼
铜奖

材质：发晶
尺寸：30×17×9cm
作者：高素珍
送评人：高素珍

作品以高浮雕的手法雕刻出三条水中的鲤鱼，它们在池塘里的一株莲花旁自在游弋，欢腾跳跃，十分惬意。作品中人工雕刻的莲花、游鱼、水草与发晶内部的天然纹理互为衬托，形成清新简约、闲适自在画面意境。

变色龙

铜奖

材质：黄晶
尺寸：33×2×15cm
作者：窦华军
送评人：窦华军

此件作品立意巧妙，借变色龙皮肤受环境的影响变色的自然规律，设计出一只从黄晶矿石上爬过的变色龙，因而变色龙也拥有了和黄晶一样的颜色，自然合理。作品中的变色龙雕刻写实，皮肤上细致的肌理刻画一丝不苟，给人留下了生动逼真的印象。

花好月圆

铜奖

材质：发晶
尺寸：13.3×15.5×7cm
作者：尹杰章设计、孙睿制作
送评人：孙睿

作者俏色巧雕出娇俏花朵和幸福依偎的恋人，满溢宁静、幸福的气息。细看花朵造型灵动多姿，花瓣饱满玲珑。恋人立于花间深情对视，脸上是甜蜜的笑容。这幅虚实结合的甜美画面分外动人，让人不由赞叹作者巧手造境。

梅桩壶（一套）

铜奖

材质：发晶
尺寸：32×30×17cm（壶）
作者：朱文翠
送评人：朱文翠

作品借鉴玉石雕刻艺术中的俏色技巧创作而成，在水晶雕刻的作品中显得十分的独特。茶具由一壶两杯组成，造型朴拙，整体统一。器表均以浮雕的形式雕刻绽放的梅花，借助水晶的天然颜色，粲若云霞，十分美观。

孔雀

铜奖

材质：水晶
尺寸：90 × 40 × 20cm
作者：庞根
送评人：庞根

作品以孔雀为表现主题，采用细致的雕刻手法雕出一只悠闲的孔雀形象。孔雀在假山上迈着步子，它低头俯视，看到自己长长的尾羽垂于身后。作品亮光哑光结合的处理技巧将孔雀的尾羽呈现得华美无比，连假山下盛开的牡丹都相形见绌。

女王的礼物
铜奖

材质：水晶
尺寸：17.5×20.5cm
作者：满开慧
送评人：满开慧

本套饰品整体造型设计将古典元素与现代时尚元素完美结合。透明的白水晶与银色配饰搭配体现出冰清玉洁而又高贵典雅的美感，让人望之而生“高处不胜寒”之感。

风灵
铜奖

材质：紫黄晶、银
尺寸：3×4cm
作者：满开慧
送评人：满开慧

作品选取一块体量较小的紫黄晶作为戒面，以相对体量较大的曲线轮廓菱形银块作为底托。晶莹剔透而色彩丰富的紫黄晶切割出不规则的块面，与白银戒托相称，体现出一种神秘和冷艳结合的双重美感。

寻路

铜奖

材质：水晶
尺寸：22 × 17 × 8cm
作者：温东超
送评人：陈辉

作者大胆创新，一改传统佛像程式化的动态，在作品中以一种极具动感的造型雕刻出一尊寻路的佛陀。佛陀身着长袍，衣饰简洁，面部没有细节刻画，仅以垂肩的双耳和念佛的动作来体现他的身份，他一手背后，探身前行，生动的诠释了探寻佛法的主题。

地藏王菩萨

铜奖

材质：水晶
尺寸：26×16×15cm
作者：王云庆
送评人：王云庆

作品是一尊地藏王菩萨的立像，采用浮雕手法雕成。地藏王菩萨慈眉善目，嘴角含笑，端立在两个莲花宝台之上，一手握金刚杵，一手托火焰宝珠，安忍不动，静虑深密。菩萨背后的水晶质地在光照中折射出斑驳的光影，恍如一个神秘的佛国世界，视觉效果奇特梦幻。

六臂大黑天

铜奖

材质：黄晶
尺寸：7.3×4.7×1.9cm
作者：院晓果
送评人：院晓果

六臂大黑天是佛教密宗中重要的护法神，是战神和财富之神，往往呈忿怒相。水晶牌上的六臂大黑天以浮雕形式表现，三头六臂，六只手中持不同法器宝物，一条长蛇从脖子两侧垂下，腹部悬挂人头念珠，配合他夸张的表情，将愤怒、恐怖的形象表现得淋漓尽致。

佛光再现

铜奖

材质：紫晶
尺寸：6×4×2.5cm
作者：黄君亮
送评人：黄君亮

这件作品的美感主要在于主体紫水晶精细过人的雕工，华美精致的镶嵌与整体设计。主体佛像的雕刻衣纹流畅、体态自然，同时通过水晶石背面的切工营造出“一佛三体”的反光效果。四周的纹饰设计让这件只有方寸大小的作品拥有千尺佛尊的气势。

草原印象

铜奖

材质：水晶
尺寸：18×10×10cm
送评：张谷雨

草原带给人的感觉是苍凉雄壮、自由奔放，在这块体量不大的水晶石上，这种感觉体现得淋漓尽致，赭红色的包裹体呈现出一根根有力的直线，如同历经秋风寒冬而不倒的劲草，也如同草原民族坚韧不屈的性格。

繁星

铜奖

材质：发晶
尺寸：25×20cm
送评人：石圃水晶精品馆

此石外型上宽下窄，如从天界落下，苍劲有力，石头为金色发晶，给人稳重安泰的感觉。

五世同堂

铜奖

材质：水晶
尺寸：28×12×27cm
作者：张巨成
送评人：李佳鹏

作品以高超的手法雕刻了五只大小不一、动态各异的狮子形象，它们围绕着一颗水晶球，或坐卧，或嬉戏，生动有趣。作者以中国独特的谐音文化，以“狮”谐音“世”，为作品取名“五世同堂”，寄托了长命富贵、儿孙满堂的美好祝福。

望子成龙
铜奖

材质：水晶（含绿泥石包裹体）
尺寸：24×62×23cm
作者：苏明贤
送评人：苏明贤

作品雕刻设计从材质特点出发，在保留水晶内部绿泥石矿物形成的天然纹理基础上，表现中国传统的望子成龙图案，赋予作品吉祥寓意。一大一小两条龙沿水晶结构蜿蜒盘曲，自然灵动，与所选材质结合得十分巧妙，两条龙凶猛威武的形象也被体现得鲜明清晰。

鼠来宝
铜奖

材质：黄晶（含包裹体）
尺寸：19×8×6cm
送评人：刘梓豪

这是一件天然黄晶，带有黑色包体的雕件，整体为一只大元宝上雕两只老鼠，每只老鼠的眼睛都有一块黑色的包体，显得较为生动。两只老鼠同戏缠枝如意花，相互呼应，两鼠内侧有一颗水晶球，内包黑色云母片。

国色天香

铜奖

材质：发晶
尺寸：78×45×90cm
作者：包勤锁
送评人：包勤锁

春归雪融，万物复苏，暖阳催开了一树玉兰花，树干上雄孔雀昂首阔步，羽翼华美，雌孔雀沉稳朴素，静静栖息。作品是一件雕刻精湛的花鸟摆件，作者以孔雀和玉兰花两种意象进行创作，呈现国色天香的画面意境。

水儿

铜奖

材质：紫黄晶、18k金、钻石
尺寸：5.0×2.6×1.2cm
作者：王旭
送评人：王旭

设计师将作品的正面营造出两个比例很大的斜面，为了衬托紫黄晶的独特色泽，则使用了多块大小不一的碎钻，如繁星般点缀四周。紫黄晶深邃的色彩在这样的设计下如同无垠的夜空一般体现出无限延展的空间感。

活链壶

铜奖

材质：发晶
尺寸：直径15cm
作者：张超
送评人：汪兵

水晶壶模拟经典的紫砂壶造型，借助水晶通透晶莹的材质特点，将茶壶雕刻成为一件具有典雅素静美感的工艺品。水晶壶盖顶雕楔形柱钮，将一端连在壶肩的活环长链固定，巧妙独特。作者在壶流和壶执部位用卷草纹稍作装饰，为光洁简约的水晶壶增添几分活泼之感。

自在观音

铜奖

材质：水晶（含绿泥石包裹体）
尺寸：18cm
作者：吴健和
送评人：汪兵

自在观音不同于端立或跏趺的庄严造像，动态更加舒展优美，给人一种无拘无束、自由自在的感觉。此件观音正面侧坐，左手持佛珠，右手扶在屈起的右膝上，左腿垂足，十分地放松。作品以俗称“绿幽灵”的水晶雕成，远远观去，观音如被一片绿茵茵的草地环绕，清爽新颖，自然独特。

六棱壶

铜奖

材质：发晶
尺寸：19.1×10.8×8cm
作者：李宏伟
送评人：李宏伟

六棱壶采用经典的传统造型，极为简约，而壶的持柄、壶盖、壶嘴、壶身都依形设计，处理得十分讲究。整件作品除肩部的一圈龙形回纹外，鲜有其他雕饰，旨在呈现材质内部毛发状矿物成分红铜般的色泽与规整顺直的天然序列，借造化大美给人以视觉冲击。

安居乐业

铜奖

材质：发晶
尺寸：30×20×15cm
作者：庞友侠
送评人：庞友侠

在传统的吉祥图案中，安居乐业图由鹌鹑、菊花、椰子树组合而成，借助谐音而产生出吉祥美好的文化寓意。此摆件中作者用鹌鹑、莲花和椰子树的组合来重新诠释安居乐业的主题，构思设计巧妙，雕琢细致，独特别致。作品所选用的发晶材质，发丝清晰，布局美观，金黄的色泽也将作品的主题映衬得鲜明突出。

无量身观音法相

铜奖

材质：水晶
尺寸：28×13cm
作者：邹小林、李腾飞
送评人：邹小林

“无量”在佛教中有“想不到、说不出”的意思，故此件无量身观音法相摆件只表现观音的头部。作品中的观音开脸端正，五官精致，细长的双眼、直挺的鼻梁，丰润的双唇及眉间白毫都严格按照造像仪轨；观音头戴莲花宝冠，精美繁复，耀眼夺目，更衬托出她大慈大悲的宗教形象。

药师琉璃光如来

铜奖

材质：水晶
尺寸：28×24×56cm
作者：李根、李苗、王志芳
送评人：应汶玉文化研究院

药师琉璃光如来又称大医王佛，为东方净琉璃世界之教主。作品中的药师琉璃光如来面相慈善，仪态端庄，乌发肉髻，双耳垂肩；他一手托钵，一手持宝珠，跏趺而坐，胸口的“卍”字符作为无量功德的象征，也是吉祥的标志。

晶品造诣

铜奖

材质：水晶
尺寸：55×82×35cm
作者：吴学娟
送评人：吴学娟

水晶雕成的双耳瓶，造型端庄，盖沿部位以简洁的回纹装饰，两肩对称雕龙首双耳，光洁无饰的瓶身直观地展示着内部的华彩。透过瓶腹通透的水晶，内部自然形成的冰裂纹呈于眼前，不禁让人联想到宋瓷上的开片，这种独特的自然之趣反映出创作者敏锐的审美眼光。

鹦鹉

铜奖

材质：发晶
尺寸：50×18×11cm
作者：沈德盛
送评人：张延波

作品依材料特点设计，摆件下端抛以亮光，将发晶内部的天然肌理呈露出来，顶端则巧雕一对栖息的鹦鹉，并采用哑光的抛光处理，人工之美与自然之美相互辉映。作品中鹦鹉的羽毛、头冠、翅爪等无不刻画精心细致，凸显出作者扎实的美术功底。

六芒星

铜奖

材质：发晶
尺寸：2.1×0.9cm（挂坠）
作者：董海燕
送评人：董海燕

作品选取一块内部天然具有规则放射状金色丝状矿物的天然水晶作为坠子核心，金黄色的发晶矿物、天然水晶透亮的明黄色与黄金的色泽之间形成完美的和谐，既有尊贵奢华、耀眼夺目的美感，又在统一的色调之中塑造出丰富的层次感。

日冕

铜奖

材质：发晶
尺寸：4.8×4.5cm
作者：张孝玲
送评人：石圃水晶精品馆

作为饰品核心的正圆形发晶是本件饰品最大的亮点，水晶内部充满繁密金色矿物发丝，如田野中随风起伏的金色麦芒，亦如划过长空的亿万流星，再加上简洁大方的双股螺旋状镶钻边饰，让饰品有了一种夺目的超现实美感。

孔雀

铜奖

材质：水晶（含绿泥石包裹体）
尺寸：40×59×20cm
作者：张丙祥
送评人：张丙祥

作者以圆雕的手法雕刻出一雄一雌两只孔雀和盛开的牡丹花，构成一幅花开富贵的美妙画面。作品中的孔雀栖息于牡丹花旁，口衔灵芝仙草，昂首挺立，带着天生高贵的气质；牡丹老枝遒劲，花朵舒展，国色天香，给人富贵大方的感受。

和气致祥

铜奖

材质：水晶
尺寸：31×52×22cm
作者：张丙祥
送评人：张丙祥

作者将弥勒笑口常开、大肚能容的外形与性格特点与儒家文化中“以和为贵”的思想结合在一起，巧妙传达和气致祥的主题，构思合理巧妙。大腹便便的弥勒佛挺身直立，一手提着随身的布袋，一手握佛珠，合不拢嘴的表情十分生动，让人倍觉祥和亲切。

宝瓶观音

铜奖

材质：水晶
尺寸：4×7×3cm
作者：仵铁群、万琳
送评人：应汶玉文化研究院

观音跏趺端坐莲花宝台，双臂平放于腿上，两掌相叠结定印，掌心立一净瓶，沉稳端庄，安详宁静。观音头部同样雕刻细致，面庞圆润丰盈，额头饱满，双目慈悲而坚定，似正专注一心进入禅定的状态。

优秀奖

上佳的水晶雕刻，不仅仅意味着工艺本身的精良，而是须全面考虑水晶原石的天然特征，并以细腻的构思和大胆的创意尽可能地体现其自然真趣。天然美感与人工精妙交相辉映，相得益彰。

合家欢

优秀奖

材质：发晶
尺寸：67 × 75 × 50 cm
作者：张丙祥
送评人：张丙祥

作者妙造一方清浅荷塘，出水芙蓉或含苞待放，或盛开烂漫，一对天鹅欢游水中觅食，一旁小天鹅抬头争食，一家和乐融融，极富艺术感染力。

如意观音

优秀奖

材质：黄晶
尺寸：31 × 16 × 10cm
作者：吴志游
送评人：吴志游

秀巧玲珑的莲台上观音端立，莲台周边妙莲盛开，给人秀雅之感。细看观音体态婀雅，容貌清秀，头戴宝冠，颈饰璎珞，衣带当风，其飘逸不群之态引人赞叹。此外，原石纯净不染的质地暗合佛法之清明，可谓形神兼具。

福寿平安瓶

优秀奖

材质：发晶
尺寸：28×13.5×14cm
作者：李宏伟
送评人：李宏伟

作品造型庄重典雅，瓶身饱满圆融，瓶盖顶部端立瑞兽，气势威猛，兽形双耳，精致灵巧，整体美学风格古朴雄浑而富于变化，让人过目难忘。此外，发晶材质细密的结晶和艳丽的色彩也为作品增色不少。

明月几时有

优秀奖

材质：黄晶
尺寸：11×3×21.5cm
作者：杨其鹏、杨洋
送评人：杨其鹏、杨洋

灵动的线条勾勒出修长瓶身，加上威猛瑞兽点缀，使作品整体看起来古朴、雅致。瓶身上装饰传统书画，写意笔法雕出把酒问青天的东坡，一旁是东坡词，字体飘逸不群，更添几分文人雅气。

金刚萨埵

优秀奖

材质：水晶
尺寸：41×26×20cm
作者：石圃水晶精品馆
送评人：石圃水晶精品馆

作品比例协调，雕工细腻生动，使金刚像于庄严之外更添几分秀雅。金刚萨埵端坐莲台，体态端庄，面庞饱满，头戴宝冠，衣饰华贵，庄严法相给人高贵、沉静之感。此外，水晶通透无瑕的质地也让作品多了几分宗教式的圣洁感。

普度众生
优秀奖

材质：水晶
尺寸：48×30×15cm
作者：冯寿干、仵铁群
送评人：冯寿干、仵铁群

佛教以慈悲为怀，施宏大法力，普度众生脱离一切苦厄。作品以大慈大悲、救苦救难的观音为刻画对象，体现佛教的人文关怀。观音交脚跏趺，挺身端坐，面目含笑，以慈悲之心去度化众生；善财童子双手合十，侍立于观音之侧，协助引导众生走向佛境。

极光球

优秀奖

材质：发晶
尺寸：17×23×11cm
送评人：马传君

水晶球在西方从来都代表着神秘力量的源泉，这颗水晶球之中的包裹体呈现出交织变换的复杂结构，体现出独特的神秘感。

姹紫嫣红

优秀奖

材质：水晶（含绿泥石包裹体）
尺寸：16×32×13cm
送评人：王军

水晶包裹体一般由于所含矿物的单一会呈现出较为统一的色彩，而这块水晶中的包裹体则呈现出非常丰富的色彩，红、黄、绿交织，恰似盛春之际姹紫嫣红繁花似锦的景象。

彼岸花自语

优秀奖

材质：水晶
尺寸：43 × 40 × 31cm
作者：单江红
送评人：单江红

作者以天然的水晶原石象征巍峨高山，水晶矿棱角分明的外形与斑驳参差的肌理带着时间的沧桑意味，别具风情；在其上开窟造像，浮雕出一尊盘坐的佛像和蜿蜒盘曲的石阶，看上去恰似一处微观的佛教石窟，十分绝妙。

悟

优秀奖

材质：水晶
尺寸：21.8×4.5×3.1cm
作者：朱仁尊、魏亚青
送评人：朱仁尊

作者用写意手法妙造空灵之境，如镜花水月不可凑泊，妙不可言。细看尊者体态清瘦，容貌俊朗，端立合掌沉入冥思，神情静谧，引人遐想无限。整件作品线条洗练，意境幽深宁静，可谓工、形、神俱佳。

事事如意

优秀奖

材质：发晶
尺寸：65×56×50cm
作者：苏明贤
送评人：段婷

不规则的底座经打磨便如辽阔平野又似缥缈云端，观之古朴自然。数只雄狮追逐欢闹，或盘玩明珠，或在如意旁嬉闹，十分和乐喜庆。作者用极富感染力的热闹画面来呈现主题，较之单纯的讨口彩更为生动自然。

卧佛

优秀奖

材质：发晶
尺寸：35×22×43cm
作者：段婷
送评人：段婷

作品构图简洁，线条洗练，很有现代装饰美感。细看卧佛单手撑头，合目而卧，卧姿端庄，周边绿叶环绕，给人幽静、宁和之感。此外，水晶细腻的质地完美展现出作品纤细多变的线条，更显精致玲珑。

佛首
优秀奖

材质：水晶
尺寸：9.5×25×9.5cm
作者：杨金辉
送评人：杨金辉

佛首开脸端正大气，法度严谨，人物形象塑造符合宗教仪轨。作者准确抓住了佛的形象特征，通过细致的雕刻和恰当的抛光处理，塑造出一尊头顶肉髻、双耳垂肩、鼻梁挺直、眉目慈悲的佛首，庄严肃穆，观之心生敬畏。

金玉满堂
优秀奖

材质：水晶
尺寸：34×52×23cm
作者：朱华林
送评人：朱华林

作品充分保留了水晶原石的天然特征，只在顶部雕琢出两尾生动活泼的金鱼，鼓鼓的眼睛抛光处理，更显灵动。“金鱼”与“金玉”的谐音充满美好祝愿，寓意喜人，情境动人。

代代有福
优秀奖

材质：发晶
尺寸：10×4.7×1.9cm
作者：孙睿设计 苏鹏制作
送评人：孙睿

作品中笑口常开的弥勒背着布袋，握着宝珠，任由两个调皮的童子在他背上嬉戏，大肚能容的形象令人倍觉亲近。作品下端的水晶经过亮光处理，显露出内部金色的矿物质，耀眼夺目，与旁边雕刻的一串串的钱币，共同构成财源滚滚的寓意。

花开见佛

优秀奖

材质：水晶
尺寸：17×6×4 cm
作者：李连成
送评人：李连成

作品造型新巧，状如莲台的底座上雕一片嫩荷叶，荷叶上一朵半开的娇俏素莲，莲花中央一位僧人静坐冥思，观之灵动多姿，十分富有禅意。作品整体雕工细腻，此外写意手法的运用更添几分含蓄典雅。

美女

优秀奖

材质：水晶
尺寸：18×16×10cm
作者：张来光
送评人：张来光

作者效仿西方雕塑的表达形式，精细雕出少女头像，很有装饰美感。细看美人头戴华丽的帽子，一头浓密卷发十分飘逸，饱满的脸庞上一双美目明净动人，笑容天真可爱。整件作品满溢青春活力，十分感人。

秋韵

优秀奖

材质：水晶（含绿泥石包裹体）
尺寸：15×27×12cm
送评人：王军

秋天是万物凋零的季节。这块水晶中斑驳的包裹体，恰似深秋的满地落叶，虽然略感萧瑟，但却又有一种空灵淡然的感觉。

天鹅戏水

优秀奖

材质：水晶
尺寸：60×25×25cm
作者：赵钟
送评人：赵钟

作者巧雕出清浅湖面，湖上水草丰茂，一旁荷花轻绽，柔美可爱，两只天鹅惬意游于水上，因争抢食物而僵持不下，憨态可掬。整件作品满溢自然生趣，而发晶的独特结晶呈现出如水草摇曳的视觉效果，可谓妙绝。

三阳开泰

优秀奖

材质：水晶
尺寸：40×29×15cm
作者：陈丰、陈国华
送评人：冯寿干

作品层次分明，构图优美。三只羊情态各异，又彼此呼应，充满自然真趣。晶体色泽的变化和内部包裹体被巧妙地化用在情境中，既增添了几分灵动，又恰当地展示了原石天然美感。

双龙戏珠
优秀奖

材质：水晶
尺寸：40×75×23cm
作者：倪尔波
送评人：倪尔波

作品巧妙化用水晶原石晶体特征，在不同透明度的部位雕以不同景物，营造出情境逼真，动感十足的画面，不仅传神地刻画了两条蛟龙戏珠的神态、气势，亦将晶体的自然之美彰显无遗。

创意头骨

优秀奖

材质：水晶
尺寸：高18cm
作者：薛通、李春莲
送评人：李春莲

此件水晶创意头骨所选用的材质颇为独特，白色的水晶中裹着黑色的包裹体，作者用之雕制成的人头骨破碎斑驳，犹如经历过水土侵蚀、岁月变迁的出土化石，令人心生敬畏。作者巧妙把握材质，因材施艺的创意值得称许。

貔貅

优秀奖

材质：紫晶
尺寸：13×6×4.5cm
作者：尹兰张
送评人：尹兰张

作品整体造型饱满圆融，貔貅蜷身卧地，略微昂首，张口似呼啸状，整体气势威猛而毫无戾气，让观者只觉其憨态可掬。整体而言，作品线条洗练，纹饰古朴，加上水晶细腻的质地，给人古雅、精致之感。

观音

优秀奖

材质：发晶
尺寸：16 × 44 × 13 cm
作者：魏佳丽
送评人：魏佳丽

作者妙借原料造型，用简练线条勾勒出怪石嶙峋的险峻山峰，可谓妙造自然。观音身形隐于山间，更添几分庄重神秘。作者着重表现观音的头部，观音似低头细看身前盛开的妙莲，一抹微笑给人巨大的想象空间。

星光粉球

优秀奖

材质：芙蓉石
尺寸：17×26×10cm（含底座）
送评人：马传君

这颗粉色的水晶球，呈现出天然的放射状星光纹，如同来自少女的美好梦幻之中，又有如来自五光十色的童话世界。

石林

优秀奖

材质：水晶
尺寸：20×20×25cm
送评人：李佳鹏

这块水晶中的包裹体层次分明，如根根挺拔于山涧之间的嶙峋怪石，在不到一尺之间的水晶球之中，丰富的包裹体呈现出百里石林的壮观景象。

锦鸡

优秀奖

材质：水晶
尺寸：32×15×15cm
作者：赵钟
送评人：赵钟

作者巧雕山石锦鸡，构图疏密有致，可谓因材施艺，自然生动。细看山石险峻，周边花木环绕，清雅可爱。一只锦鸡独立石上，其羽翼丰满，长尾华美，昂首向天的姿态十分雄健，很有艺术感染力。

刘罗锅

优秀奖

材质：水晶（含黑云母包裹体）
尺寸：6×7×3cm
送评人：冯艺阳

水晶中的包裹体像人形的本就罕见，而像这块水晶包裹体这样细节毕现的更是难得一见。只见这位老先生眉目端正，背部拱起，可不就是清代的一代名臣刘墉的形象？不仅如此，人形之后的山壁，人形之侧的枯藤老树，都营造出刘墉作为一代大文人的意境。

自在观音

优秀奖

材质：水晶
尺寸：28 × 12 × 10cm
作者：吴志游
送评人：吴志游

作品比例精当，线条流畅多变，加上细腻的雕工，呈现出雕塑一般庄重、沉静的美感。观音端立莲台上，体态娴雅，容貌秀丽，头戴华冠，颈饰璎珞，长袖飘逸，气质华贵不凡，让人见之难忘。

南海观音

优秀奖

材质：水晶
尺寸：42×98×28cm
作者：张怀森
送评人：张怀森

作品造型纤巧，莲台精巧玲珑，给人庄重秀美之感。观音体态婀雅，面容秀丽，头戴华冠，颈饰璎珞，衣带飘逸，气质沉静华贵，引人敬畏。此外，原石纯净剔透的质地也赋予作品几分宗教式的圣洁感。

释迦摩尼

优秀奖

材质：水晶
尺寸：25×32×20cm
作者：张玉成
送评人：张玉成

释迦牟尼是佛教的创始人，被后人尊称为佛祖，是佛教造像艺术中最重要的形象之一。此件由水晶雕成的释迦牟尼像刻画传神，佛祖跏趺盘坐，一手托钵，给人一种端庄肃穆的视觉感受。

金玉满堂

优秀奖

材质：发晶
尺寸：50×50×50cm
作者：窦华军
送评人：窦华军

作者巧雕出清浅湖面，发晶的独特包裹体静观之如水草摇曳，自然生动，可谓妙绝。湖面波光潋滟，珊瑚丛生，鱼儿环绕一颗明珠畅游，自在欢乐的情态十分有感染力。整体而论，作品层次分明，雕工纤巧，可谓形神兼备。

琉璃观音

优秀奖

材质：水晶
尺寸：25×12×10cm
作者：满小童、姚帼
送评人：满小童

作者选用结晶完美的水晶矿原石进行设计雕刻，作品保留了水晶矿石大部分天然的几何柱体，仅仅用其中的一根水晶柱雕刻出一尊头顶佛光的观音。小巧的观音造像立于矿石顶端，如同置身一片无尘的净土之中，美轮美奂。

水月观音

优秀奖

材质：发晶
尺寸：34×18cm
作者：石圃水晶精品馆
送评：石圃水晶精品馆

状如新月的底座上端立着水月观音，观音体态窈窕，容貌清丽，一手轻拈明珠，一手执如意，法相沉静高贵，给人庄重秀美之感。最引人赞叹的是作者对观音衣带的刻画，流畅多变的曲线将衣带随风飞扬的动态展露无遗，别具飘逸灵动之美。

千手观音法相

优秀奖

材质：紫晶
尺寸：5×4cm
作者：邹小林
送评人：邹小林

作品以天然的紫水晶雕成，色彩醒目，给人神秘高贵的视觉印象。水晶牌采用椭圆形的外观，内部以浮雕的手法雕刻千手观音的头部特写，三面观音头戴佛面高冠，面相饱满，长眉细眼，鼻梁挺直，额开天眼，神态安详静谧。

黄财神法相

优秀奖

材质：黄晶
尺寸：5×4cm
作者：邹小林
送评人：邹小林

作品中的黄财神眉头紧锁，额间肌肉皱成一个“川”字，双眉似两道火焰，怒目圆睁，龇牙咧嘴，夸张的表情将愤怒之相体现得淋漓尽致。作者所选用的黄水晶材质在色彩上也与黄财神的形象保持一致，经过作者的精心雕刻，产生了相得益彰的艺术效果。

事事如意

优秀奖

材质：水晶（含绿泥石包裹体）
尺寸：30×26cm
作者：石圃水晶精品馆
送评：石圃水晶精品馆

作者因材施艺，巧妙构思，合理布局，保留含有包裹体的部分以呈现材质的天然美感，用质地纯净的白色水晶进行雕刻来展示工艺技巧。两只圆雕的狮子迎面而立，为争夺面前的水晶球而张口咆哮，互不相让，勇猛威武中带着几分可爱。

舞蹈皇后

优秀奖

材质：水晶
尺寸：10×10×6cm
送评人：张原野

这块水晶中的包裹体不仅形状奇妙、色彩艳丽，还具有独特的纹理，如同一位婀娜多姿的舞者，身穿由独特面料织就的华丽舞裙，翩然起舞。曼妙舞姿在晶莹的水晶中幻化出无限风采。

台湾女王头像

优秀奖

材质：水晶（含黑云母包裹体）
尺寸：6×12×4cm
送评人：周毅

“女王头”是台湾野柳地质公园最为著名的景观之一，也是台湾旅游业的一张名片。女王头本身是一个蕈状石，形成原因和其他蕈状石大致相同。由于它的颈部修长、脸部线条优美，神态像极昂首静坐的尊贵女王，大家才特别称它为“女王头”。而这块水晶中的包裹体，与台湾的天然“女王头”简直如出一辙，令人叫绝。

千手观音

优秀奖

材质：黄晶
尺寸：6.6×5.6×2.6cm
作者：阮晓果
送评人：阮晓果

千手观音吊坠外观为菩提叶造型，与所雕刻的题材完美匹配。作者以浮雕手法表现，中间的主体观音三面八臂，端坐莲花台上，其中两臂双手合十，其余六臂分别持莲花、净瓶、佛珠等佛教器物，吊坠边缘环绕众多手掌，与主体结合，共同构成千手观音的形象。

大日如来

优秀奖

材质：紫晶
尺寸：6.0×3.8×1.4cm
作者：阮晓果
送评人：阮晓果

水晶佛牌外形规整，比例适中，所用材质质地纯净，色泽美观。作者以浅浮雕的手法在水晶牌上雕刻大日如来坐像，如来跏趺端坐莲台，垂目颔首，左手自然垂于膝前，右手施说法印，端庄肃穆，似正在为众生说法。

天使爱之初
优秀奖

材质：水晶
尺寸：25×34cm
作者：柯加乐
送评人：汪兵

作品表现一位可爱的天使和一位初陷爱河的少女形象，人物神态把握准确，刻画生动传神。手持玫瑰的少女侧躺斜倚，浑身散发着青春气息。面对帮她传递信息的小天使，她不知所措且略带娇羞的表情更是将爱之初的状态表现得恰如其分。

大圣归来
优秀奖

材质：水晶
尺寸：40×45×18cm
作者：窦华军
送评人：窦华军

简洁的线条勾勒出轮廓再加打磨，作者巧手经营将天然原石化作巍峨山峰，再用写意手法雕出取经师徒，简洁的构图颇有东方留白韵味。地上一行三人正在赶路，悟空则脚踏筋斗云在空中遥看，整幅画面极有故事性，引人浮想联翩。

大愿
优秀奖

材质：水晶
尺寸：40×17×13cm
作者：翁祝红、王俞春
送评人：翁祝红

地藏菩萨曾在佛前立下宏大誓愿："为是罪苦六道众生广设方便，尽令解脱，而我自身方成佛道。"作品即以"大愿"为主题，着力刻画地藏菩萨大德弘愿的宗教形象，以浮雕手法雕刻的地藏菩萨挺身而立，一手持锡杖，一手托宝珠，法相庄严，给人端庄肃穆的感觉。

地藏王
优秀奖

材质：发晶
尺寸：6.9×4.9×2.3cm
作者：魏敦旭
送评人：魏敦旭

作者以写意手法雕出地藏菩萨的坐骑，瑞兽身形矫健，气势威猛，十分有震慑力。地藏菩萨端坐于坐骑上，手持锡杖，法相庄严沉静。最引人赞叹的是作者巧手雕琢，使锡杖折射出五彩光芒，美不可言。

花开见佛悟今生
优秀奖

材质：发晶
尺寸：80×128×35cm
作者：吴学娟
送评人：吴学娟

作者保留了原石的天然轮廓和质地，不规则的结晶远观如朵朵鲜花盛开，可谓妙得自然之趣。作者以大写意手法雕出端坐弥勒，突出呈现弥勒丰腴的体态和豁达的笑容。

三羊开泰
优秀奖

材质：水晶
尺寸：18×30×45cm
作者：张成帅
送评人：孙新兵

作者用灵动多变的线条点染出山石坎坷不平的表面，自然生动，毫不见斧凿痕迹，足见作者设计之高妙。山石上青松挺立，三只羊儿自在奔跑，一家三口其乐融融，整体意境祥和喜人，十分有感染力。

龙盘球
优秀奖

材质：水晶
尺寸：90×42×26cm
作者：吴志游
送评人：庄海兵

作品由一整块水晶雕成，体量巨大，作者围绕晶体周身雕出几条盘踞的龙，它们在汹涌的波涛中翻江倒海，时隐时现，争抢宝珠，呈现出勇猛威武、神秘莫测的形象特征，作为中华民族的象征颇能振奋人心。

高山流水
优秀奖

材质：水晶（含绿泥石包裹体）
尺寸：26×68×22cm
送评人：李广军

这块绿幽灵水晶石高达两尺多，形状极为挺拔，如层峦叠嶂般的包裹体让人观之如同高可参天的蓬莱仙山，而水晶自有的通透感则呈现出流水之感，山水之乐，尽在此中。

狮子王
优秀奖

材质：水晶
尺寸：12×10×5cm
送评人：刘梓豪

水晶之中，黄色的包裹体在最下方，如同险崖峭壁之顶凸起的山巅，而上方银色的包裹体则活脱脱就是一只昂首咆哮的狮子。狮子虽然体型较小，但正如《狮子王》中的辛巴一般，年纪小小便已透出王者气度。

蝙蝠
优秀奖

材质：水晶（含云母包裹体）
尺寸：14×12×8cm
送评人：刘梓豪

水晶之中的一抹黑影，像极了夜空之中飞掠而过的蝙蝠。动物象形的包裹体，形状相似并不稀奇，奇就奇在其每一个细节的动态都极为逼真，似乎转眼间就要破石而出。

奔牛
优秀奖

材质：水晶（含绿泥石包裹体）
尺寸：12×12×7cm
送评人：刘梓豪

这块水晶之中，奔牛的气势跃然石外。逼真的形象不仅表现出奔牛奋勇向前的姿态，更表现出奔牛迎难而上的精神。

斗战胜佛
优秀奖

材质：水晶
尺寸：18×14×5cm
送评人：陆珊、臧雪莲

晚霞映衬下的金色云彩，鲜红耀眼迎风飘展的披风，还有那桀骜不驯傲视天地的身影，这便是齐天大圣孙悟空。但这件水晶中的孙大圣，却多了一丝修成正果之后的沉稳，是以命名为“斗战胜佛”。

哺育

优秀奖

材质：发晶
尺寸：23×41×11cm
作者：冯根梅
送评人：冯根梅

作者最大程度保留了原石的天然形貌，只在顶部精细雕琢出一幅喂食图。觅食归来的大鸟口衔虫子立于巢边，巢中幼鸟争相大张开口，其中一只着急得扑腾翅膀立了起来，焦灼的样子十分可爱。

森林

优秀奖

材质：水晶（含绿泥石包裹体）
尺寸：21×28cm
送评人：石圃水晶精品馆

水晶之中层次丰富的纹理呈现出如同从空中俯瞰大地的感觉，绿泥石包裹体的深绿色让这些纹理像极了茂密的森林，让人一眼就有深入大自然的感觉。

普天同庆

优秀奖

材质：发晶（含绿泥石包裹体）
尺寸：28×20×26cm
送评人：杨东生

金色密集的发丝状包裹体以极强的动感自下而上延伸，呈现出万千烟花同时从各地喷涌而出的视觉效果，充满了节日的喜庆气氛。

空山无是非

优秀奖

材质：水晶（含绿泥石包裹体）
尺寸：7×9.2×5.8cm
送评人：单江红

这块水晶中的包裹体如同历经千万年的深山，层层积淀，山巅一棵老树迎风矗立。整个画面充满禅意，观之令人忘俗。

莲花香插

优秀奖

材质：发晶
尺寸：9.3×4.8×1.5cm
作者：苏鹏设计、尹杰章制作
送评人：孙睿

香插以天然的发晶雕成，规则的花瓣式造型十分优美大方，表面浮雕一朵盛开的莲花，莲瓣上挂着晶莹的露珠，简单而富有情调。发晶内部细细的丝状纹理，透过抛光细致的亮面清晰可见，独特天然的美感沁人心脾。

梅园

优秀奖

材质：发晶（含金红石包裹体）
尺寸：16×6×4cm
送评人：周旭

这块水晶中的包裹体乍一看稍显杂乱，但细细看来，却发现像极了冬雪飘落之际的朵朵梅花绽放。枯枝之上点缀的朵朵红梅，与水晶清冷的质感相映成趣。

松涛

优秀奖

材质：发晶（含阳起石包裹体）
尺寸：16×7×5cm
送评人：周旭

水晶石整体轮廓呈卧枕状，这块水晶虽然看似杂质较多，但密集的包裹体由于其丰富的色彩和层次感，营造出天然的松柏密林景象，在若有若无的层次中，松林如同在劲风的吹拂下起伏，引人遐想。

大理千寻塔

优秀奖

材质：发晶
尺寸：直径8cm
送评人：滕敏

云南大理千寻塔耸立在云南大理县城西北崇圣寺内。千寻塔位于南北两座小塔前方中间，所以又称中塔。塔身16层，每层正面中央开券龛，龛内有白色大理石佛像一尊。这块水晶球之中的包裹体，颜色类似洁白的大理石，粗壮直立，恰似巍峨宝塔。

仁道之剑

优秀奖

材质：水晶
尺寸：12×6×6cm
送评人：滕敏

兵器本来是凶器，但这块水晶之中的“宝剑”，却透出一丝温和包容之气。正如同金庸笔下“玄铁剑”的“重剑无锋，大巧不工”。

金枫玉露

优秀奖

材质：发晶
尺寸：15×24×7.5cm
送评人：单江红

宋代词人秦观所作《鹊桥仙》中有“金风玉露一相逢，便胜却人间无数”的佳句，而这块水晶之中虽是“金枫”，整体视觉效果却也颇合这首词的诗意。纵横交织的纤细枫枝，衬托出秋风的萧瑟与寒露的清凉。

一峰独秀
优秀奖

材质：水晶（含绿泥石包裹体）
尺寸：13×11×6cm
送评人：冯艺轩

这块水晶之中的包裹体呈现出黄绿相间的色彩变化，正如同孤峰之上裸露的山岩与山麓的丛林，虽然只是孤独一座峰顶，却有“离天三尺三”的挺拔之感。

美猴王
优秀奖

材质：水晶
尺寸：6×10×4cm
送评人：刘玉坤

这块水晶中的包裹体虽然没有鲜艳的颜色和明显的动态，但绝妙之处在于，水晶之中天然生成了一张猴脸，再细看之下分明就是齐天大圣的模样。只见这位美猴王凝神远眺，少了一丝顽皮的猴相，却多了一丝王者之气。

福禄如意

优秀奖

材质：烟晶
尺寸：28 × 35 × 20cm
作者：吴子健
送评：东海县恒达珠宝有限公司

饱满圆润的葫芦谐音“福禄”，饱含着祝福之意。大面积的抛光将水晶内部的质地特征充分彰显了出来，充满自然意趣，磨砂部分的藤叶，轻盈灵动，情态栩栩如生，耐人赏玩。

红红火火

优秀奖

材质：水晶（含绿泥石包裹体）
尺寸：14 × 10 × 9cm
送评人：孙睿

这块水晶之中的包裹体呈现出中间粗、上下细的宝瓶造型，又由于绿幽灵包裹体之中十分罕见的明艳黄色，水晶呈现出一种富贵且富有生活气息的韵味。

卧佛
优秀奖

材质：发晶
尺寸：40×28×16cm
作者：吴建敏、王万军
送评人：王万军

作品将卧佛的肉体部分磨砂处理，使得佛的形体更为明晰，其他部分保留了水晶的天然质地特征，衣饰与卧榻与佛融为一体，隐喻着释迦圆寂的从容和平静，极富表现力。

静幽
优秀奖

材质：水晶（含绿泥石包裹体）
尺寸：32×20×10cm
送评人：陈明强

水晶之中的绿泥石包裹体充满了整个晶体，从正面看去，由于水晶的凸透镜效果，绿泥石参差复杂的纹理被放大，这些纹理玄妙抽象，再加上绿泥石幽深的绿色，更让人感到深不可测。

日晷
优秀奖

材质：水晶、木、银
尺寸：34×33×20cm
作者：张清、连传信、刘晋
送评人：张清

日晷是中国传统的计时工具，利用日影测得时刻，古老而独特。作者从审美的角度重新发现它的价值，以大胆的构思重新设计，将地支计时与佛教八宝图案结合，雕刻出别具文化意义的水晶日晷，新颖别致。

点石成金

优秀奖

材质：发晶
尺寸：16×12×8cm
作者：刘梓豪
送评人：刘梓豪

作品取材古老的民间故事，将人物智慧通过活泼诙谐的情态表现出来，又借水晶内部密实的金色发丝巧雕为一块金色的大石，呼应“点石成金”的含义，意味深长，且充满趣味。

星光灿烂

优秀奖

材质：发晶
尺寸：直径10.3cm
送评：石圃水晶精品馆

这块发晶体量较大，晶体通透明亮，内部包裹的矿物发丝分布较密、排列整齐，并且纵横交织成极具设计感与层次感的图像，宛如一幅超现实主义的当代艺术作品。

吉祥八宝
优秀奖

材质：水晶
尺寸：32×53×29cm
作者：张清、连传信、刘晋
送评人：张清

佛教八宝由轮、螺、伞、盖、花、罐、鱼、长八种象征佛教威力的物象组成。此件作品中，作者将之分别雕成为独立立体陈设品，并与佛教中的金刚杵组合，构成一件具有浓厚佛教意味的艺术作品。

安居乐业

优秀奖

材质：发晶
尺寸：25 × 36 × 15 cm
作者：张丙祥
送评人：张丙祥

作品材料选取材料中白水晶的部分，雕刻出三只憨态可掬的鹌鹑，两支开满繁盛金菊的枝条围绕其侧，表现出“安居乐业”的吉祥寓意和生动温馨的生活气息。最上方用白水晶雕出层叠的鸡冠花，寓意“官上加官”。而下方的大部分则通过大块面的抛光展示出金发晶的灿烂夺目。作品兼具了生动可人与高贵华丽的美感。

一舞倾情

优秀奖

材质：水晶
尺寸：36 × 7.5 × 7.5cm
作者：吴健和、李丽新
送评人：吴健和

作品刻画一位翩翩起舞的少女，她穿着一袭漂亮的长裙，双手高举，长发随着身体的运动也飘舞起来，在她仰起的面孔上还能看到几分陶醉之色。少女身姿妙曼，体态轻盈，忘情而舞的形象极为生动。

观音菩萨

优秀奖

材质：水晶
尺寸：43×65×18cm
作者：张怀森
送评人：张怀森

作品线条流畅多变，加上抽象化的水纹装饰，整体看来灵动多姿，极富动感。作者精细雕出端立观音，观音面容秀丽，体态端庄娴雅，周边莲花盛开，似置身于云海又似浩淼水上，引人遐思无限。

双修金刚萨埵菩萨

优秀奖

材质：水晶
尺寸：47×66×25cm
作者：张巨成
送评人：张巨成

晶体硕大，质地通透，水晶原石品相上佳，十分难得。作品细节丰沛，层次分明，菩萨的身形和体态都十分准确，各部比例适宜，整体效果和谐悦目。

如来佛
优秀奖

材质：烟晶
尺寸：36×68×36 cm
作者：魏佳丽
送评人：魏佳丽

作品比例精当，线条灵动多变，加上烟晶厚重深沉的色彩，整体给人庄重、宁静之感。佛陀结跏趺坐，体态端庄，法相庄严肃穆，引人敬畏。此外，作者细腻的雕工也为作品增色不少。

大愿地藏王菩萨

优秀奖

材质：水晶
尺寸：16×11.8×8.8cm
作者：李映峰
送评人：李映峰

此件大愿地藏王菩萨摆件以浮雕手法雕刻而成，地藏菩萨端坐于宝台上，一手持佛珠，一手举于胸前，头部向右侧，长眉细眼，嘴角含笑，似在俯瞰大千众生，表情神态充满慈悲爱意。

平安瓶

优秀奖

材质：水晶（含绿泥石包裹体）
尺寸：8×16.5×4cm
作者：冯根梅
送评人：冯根梅

瓶形颀长而不失圆融，作者巧妙将玲珑瓶耳置于瓶口两侧，营造出圆融的视觉效果，如一位体态丰腴的丽人端庄华贵。而原石中层次分明的纹理远看如层峦叠嶂，又如波涛汹涌，满溢自然之趣又兼具抽象美感，可谓妙绝。

裂帛
优秀奖

材质：发晶
尺寸：40×50×30cm
送评：韩青

这块水晶一侧圆滑光洁、一侧嶙峋峥嵘，形成鲜明的对比。在水晶之中，一束鲜艳而密集粗壮的发丝状包裹体如烟花、火山般迸发，在水晶石沉稳黝暗的色泽之中，夺人眼目。

别有洞天
优秀奖

材质：水晶
尺寸：40×60×30cm
送评人：韩青

这块水晶内部充满了斑驳复杂的结构与包裹体，既有纵横交织方向不一的直线，又有如墨晕般散开的不规则形状，观之让人产生无穷的想象。

日月同辉

优秀奖

材质：水晶（含绿泥石包裹体）
尺寸：106×56×43cm
作者：苏明贤
送评人：苏明贤

蛟龙身姿遒劲，体态英武，踏浪闹海的情境分外生动。浪花质感逼真，动势十足，图景整体气势汹涌，极富艺术感染力。

美人鱼
优秀奖

材质：水晶
尺寸：21×38×12cm
作者：朱文翠
送评人：朱文翠

作品线条柔美，块面过渡自然，变化流畅，不仅很好地利用了原料特性，亦将工艺之美很好地呈现了出来。取材童话的构思新颖、唯美，创意空间广阔，极大地发挥了作者的艺术才能。

自在观音

优秀奖

材质：发晶
尺寸：38×49×18cm
作者：倪尔波
送评人：倪尔波

作者大胆以写意手法造型，重点表现观音的头部，观音高髻饰华冠，面庞饱满如满月，眉目清秀，笑容温婉动人。一旁瑞兽欢腾，妙莲盛开，十分有动感。作品整体造型自然生动，线条灵动多变，极富观赏价值。

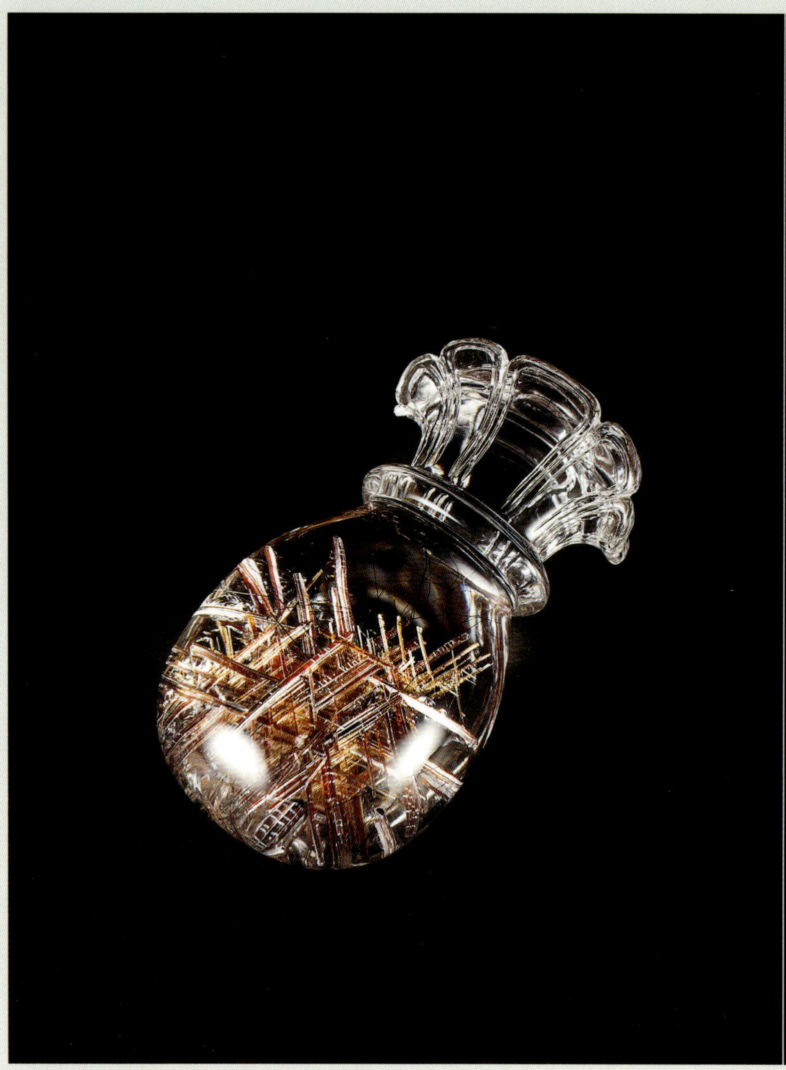

碧玺瓶
优秀奖

材质：水晶（含电气石包裹体）
尺寸：7×12×4cm
作者：王万军
送评人：王万军

晶体天然的包裹体呈现出错综复杂的空间关系，品相奇绝，细节丰富，大有可观。瓶身小巧玲珑，形制娇美，审美重点突出，堪称收藏佳品。

冰封世界
优秀奖

材质：水晶（含水胆）
尺寸：6×8×3.5cm
送评人：孙 彬

水晶主体晶莹剔透之中呈现出细微的丝状与点状结构，恰似冰块中的细小气泡，再加上天然生成的水胆，让这块水晶“冰意”十足，让人望之而生凉爽清冽之感。

如意

优秀奖

材质：水晶
尺寸：40 × 10cm
作者：石圃水晶精品馆
送评人：石圃水晶精品馆

如意以整块水晶雕刻而成，所用材质纯净无瑕，质地上佳，抛光全部采用亮光处理，最大程度地展示了材质晶莹通透、光洁清亮的天然特征。如意造型传统，雕刻手法细致，以少量的浮雕卷草纹做装饰，在简洁中求得一份精致。

仙岛
优秀奖

材质：水晶（含绿泥石包裹体）
尺寸：19×40×13cm
送评人：庞友侠

如空中楼阁，如蓬莱仙山，又有如神仙洞府、瑶池仙境。这块绿幽灵水晶石中如絮状的包裹体结构，恰似仙境之中的云雾缭绕，让云雾之中的山峦更多了一丝若隐若现的神秘感。

金鱼
优秀奖

材质：水晶
尺寸：16×16×8cm
送评人：刘玉坤

如果不加解说，第一眼看到这颗水晶球的人定会以为里面有一条真的金鱼。虽然形似动物的水晶包裹体不少，但像这颗水晶球中的金鱼这样几乎可以以假乱真的比较少见。

佛

优秀奖

材质：水晶（含电气石包裹体）
尺寸：12×20×8cm
作者：王军
送评人：王军

弥勒身姿闲逸，表情欢喜，身形比例准确，衣饰刻画细致，线条流畅、块面清晰，局部的磨砂处理恰到好处，整体效果出色。

佛掌观音

优秀奖

材质：发晶
尺寸：13×19×5cm
作者：张发勇
送评人：张发勇

水晶色泽鲜亮、浓郁，金红相兼，给人以吉庆、喜悦的视觉感受。材质上佳，品相难得。观音气韵沉静，体态端方；佛手结构精准，比例和谐，整体造型新颖，作品内涵丰富。

翠翘
优秀奖

材质：水晶（含绿云母包裹体）
尺寸：6.5×12×3cm
送评人：王万军

水晶中的绿云母包裹体呈现出独特的形状，如箭头，如花瓶，如领带。虽然在掌握把玩之间，但却能够引起人无限的联想。

铁树花开
优秀奖

材质：发晶
尺寸：4.7×4.4×1.8cm
送评人：霍变红

这块水晶中的包裹体层层排列之间，如同松柏的枝叶一般。铁树开花本就极其罕见，水晶之中天然生成的“铁树开花”当然更为稀奇。

天外来客

优秀奖

材质：水晶（含黄铜矿包裹体）
尺寸：5×4×2cm
送评人：刘梓豪

虽然是一块体积只有寸许大小的水晶，其中的包裹体更是极小，但就在这样小的体积上，包裹体却呈现出块面极为丰富的多面体造型，再加上散发着黝黑金属光泽的质感，像极了来自天外的陨石。

皇冠

优秀奖

材质：水晶（含电气石包裹体）
尺寸：5×5×3cm
送评人：刘梓豪

这块水晶中的包裹体虽然体量很小而且色彩单一，但其绝妙之处在于包裹体的形状呈现出惟妙惟肖的皇冠造型，且散发出圣洁的光芒。

佛祖
优秀奖

材质：水晶
尺寸：43×81×28cm
作者：陈旭辉
送评：东海县恒达珠宝有限公司

晶体通透澄澈，质地均匀无杂，品相上乘。佛祖宝相端庄，身姿中正，气韵沉静。衣饰轻柔飘逸，简素无华，将佛祖的超脱气质烘托得愈发鲜明，令人赏心悦目。

释迦牟尼
优秀奖

材质：发晶
尺寸：40×50×21cm
作者：宋雪林、宋雪辉
送评人：王万军

作品将晶体中的发丝巧妙化蕴在情境营造中，仿佛是太阳的光辉，又隐喻着佛法的神威，与释迦形象有着完美的呼应，可谓创意新颖。浮雕的佛像微微颔首，若有所思，情态自然，韵致上佳。

链条瓶

优秀奖

材质：水晶
尺寸：42×16.5×5.6cm
作者：马光超、张居志
送评人：马光超

冰晶链条瓶瓶体造型端庄而不失秀挺，经过细致抛光处理的天然水晶材质光洁莹润，给人似冰一般清凉的感觉。长长的活环链条工艺精湛，雕刻细致；镂空的卷草衔环双耳纤薄巧妙，玲珑美观，也体现出作者在雕刻工艺上的极致追求。

黑牡丹

优秀奖

材质：水晶
尺寸：18×10×13cm
作者：冯寿干
送评人：冯寿干

作者俏色巧雕出美人头像，层次分明，线条洗练，呈现出雕塑一般的立体感。原石色彩艳丽的部分被雕成美人帽子，深色部分则琢成脸部，美人柳眉凤眼，双目深邃动人，巧笑倩兮，恰如黑牡丹美艳而神秘。

富贵有余

优秀奖

材质：水晶
尺寸：13×13×6cm
作者：孙彬
送评人：孙彬

作者俏色巧雕出锦鲤，鱼儿弓身摆尾，极富动感。而细密的鱼鳞和鱼儿灵动的神态则足见作者用心之细致。最巧妙的是抽象化的底部造型，远观如鱼儿跃出波峰上，加上厚重的色彩，给人巨大的想象空间。

地藏王

优秀奖

材质：发晶
尺寸：30×39×17cm
作者：宋雪林、宋雪辉
送评人：王万军

作品突破窠臼，将地藏王手持的法器设计得气势十足，极好地衬托了地藏本尊法力无边的气质，磨砂和抛光部分的比例掌控得当，图景细节分明，层次有序，美感突出。

《三清山》东方女神系列

优秀奖

材质：水晶
送评人：鲁文同

三清山又名少华山，位于江西上饶。因玉京、玉虚、玉华三峰宛如道教玉清、上清、太清三位尊神列坐山巅而得名。“东方女神”即女神峰是三清山绝景之一，从各个角度审视，此峰皆形如少女，丰满秀丽。她高鼻梁、樱桃口、圆下巴，秀发齐肩，正襟端坐，凝神沉思。这块水晶中的包裹体恰似女神峰主体，浑然天成，惟妙惟肖。

佛祖
优秀奖

材质：水晶
尺寸：28 × 18 × 12cm
作者：冯寿干、侯圆圆
送评人：冯寿干

作品晶体澄澈，莹莹生光；宝相端宁，气韵沉静。佛祖开脸工整，身形端正，细节考究。抛光和磨砂的比例适宜，图景清晰。

龙宫探宝

优秀奖

材质：水晶
尺寸：26×17×16cm
作者：钮永华
送评人：钮永华

作者灵光闪现，将水晶原材料中心一根笔直树立且色泽黝深的包裹体联想成为《西游记》中深藏于东海龙宫的如意金箍棒，从而以此作为灵感，创作出一幅“孙悟空龙宫探宝”的经典场景。材料金黄的色泽中斑驳复杂的包裹体，恰似金光照耀的海底龙宫。石猴小心翼翼躲在繁茂的水草之后趴在宫门上窥探，活灵活现。而右侧的海马、珊瑚则营造出海底世界的独特氛围。整件作品故事感极强，让人如临其境。

生机勃勃

优秀奖

材质：发晶
尺寸：16.2×9.1×9.5cm
作者：苏鹏设计、尹杰章制作
送评人：孙睿

作品以色泽沉稳的水晶雕成，手法细致，刻画生动。一段枯木横躺在路边，似乎失去了生机，一大一下两只蜗牛慢悠悠地从它身上爬过，却发现木头长出了许多蘑菇，大大小小挤在一起，构成一派生机勃勃的景象。

恩爱
优秀奖

材质：发晶（含石棉包裹体）
尺寸：21×16×7cm
作者：周毅
送评人：周旭

晶体硕大，包裹体奇绝优美，令人联想到青青的荷塘，作品顺势雕琢出情态生动的水禽，并着意刻画出羽翅的质感，工艺之美与自然之美在韵致上有着绝佳的统一，可谓相得益彰。

路路发

优秀奖

材质：发晶
尺寸：35×35×16cm
作者：霍变红
送评人：刘标

险峻的山石下花木丛生，两只白鹭在树下觅食嬉戏，画面疏密有致，意境清幽和美，加上层次分明的色彩，整体观之极富观赏性。此外，叶片的脉络、白鹭的羽翼，作者皆精雕细琢，使作品更显真实生动。

龙腾万里

优秀奖

材质：水晶（含绿泥石包裹体）
尺寸：25×25×13cm
作者：杨浩
送评人：杨浩

作品将各种奇幻的元素恰到好处地搭配和刻画，又巧妙化用水晶本身的天然特征，呈现出亦仙亦幻的神秘情境，惹人遐思。

莲语禅心

优秀奖

材质：发晶
尺寸：21.6×4.5cm
作者：孙睿设计、尹杰章制作
送评人：孙睿

作品为一片莲瓣造型的摆件，表面浮雕一尊抽象的佛陀，简约别致。佛陀动态依莲瓣而设计，身体扭动成一个漂亮的“S”形，灵动妙曼，和传统的佛造型有着很大的差异，体现出了现代人个性化的审美追求。

心路

优秀奖

材质：水晶
尺寸：35×16.5×3cm
作者：温东胜
送评人：陈辉

作品构思大胆，手法新颖，以浮雕结合阴线刻的方式在一块不规则的水晶板上塑造出一位朝圣路上的僧人。僧人背对观者向远方走去，在遥远的天空中有一张巨大的观音面孔，慈悲而安详，若隐若现。此情此景，令人心生敬畏，感受到佛教徒对于信仰发自内心的虔诚。

大鹏展翅

优秀奖

材质：水晶
尺寸：33×14×9cm
作者：王超
送评人：王超

作品造型生动，气势十足。大鹏高展双翅，眼神炯炯，双爪锋利，神态勇猛，情态逼真。通身的磨砂处理使得大鹏羽毛和肌肉的质感得到了传神的体现，亦与下部抛光部分形成视觉落差，艺术效果上佳。

金字塔
优秀奖

材质：水晶（含绿泥石包裹体）
尺寸：15×23×12cm
送评人：庞友侠

锥形且呈现砖红色的包裹体，分明就是一座金字塔。关于金字塔的传说有很多，有一种说法是外星人的作品，而这块水晶之中的金字塔，似乎也让人产生来自天外的联想。

太子佛
优秀奖

材质：发晶
尺寸：12×29×10cm
作者：宋雪林、宋雪辉
送评人：王万军

晶体包裹的发丝特征奇绝，大有可观，巧妙化呈为莲台，很好地烘托了作品情境。佛像神态沉静，韵致与众不同，令人叹为观止。

大漠孤烟直

优秀奖

材质：水晶
尺寸：10×20×21cm
送评人：孙新兵

这块水晶的包裹体沉积在下方，上清下浊，泾渭分明。下方的包裹体如起伏连绵的沙丘，又有如充满风蚀沙堡的大漠戈壁，恰似一幅塞外图景。

母爱

优秀奖

材质：水晶
尺寸：17.5×11.5×6.5cm
作者：温东超
送评人：陈辉

戴着头巾的母亲侧着头，脸部紧紧贴着依偎在她怀中的孩子的头部，眉目眼神间流露着浓浓的爱意。作品采用浮雕技法雕成，圆形构图结构饱满，人物刻画生动传神，将母爱这一主题表现得十分到位。

释迦牟尼

优秀奖

材质：水晶
尺寸：29×31×23cm
作者：宋雪林、宋雪辉
送评人：王万军

水晶皮色均匀，色泽沉郁，给人以平和安宁的视觉感受。浮雕的释迦像身形中正，神情静穆，开脸工整，韵致上佳，自然之美和人工之美相得益彰。

达摩

优秀奖

材质：发晶
尺寸：14×18×7cm
作者：张发勇
送评人：张发勇

作品俏色巧用，将深红色泽巧妙布局在达摩的面部，为其表情刻画增添了一份谐趣，且强调出达摩闭目参禅、若有所思的情态，使得审美重点进一步突出。整体看来，作品细节详略得当，韵在形外。

一帘幽梦

优秀奖

材质：水晶（含绿泥石包裹体）
尺寸：17×34×15cm
送评人：王军

暗红色与黄色交织的包裹体托底，暗绿色的绿泥石包裹体如花园中郁郁葱葱的灌木草丛，而上方一缕一缕若断若连的包裹体则似轻纱垂帘，完全是一幅深闺园林的图景。

发晶球

优秀奖

材质：发晶
尺寸：直径14.2cm
送评人：刘守强

金色之中略透暗红的直线状包裹体纵横交错，如同在虚拟的空间之中构造出一个变幻无穷的构造，具有极强的超现实之感。

如鱼得水

优秀奖

材质：水晶（含绿泥石包裹体）
尺寸：高30cm
作者：陈尚林
送评人：汪兵

作者巧用水晶材质包裹的多色矿物质，以之象征丰富多彩的海底土壤，然后以精湛的雕刻技巧雕出生长在上面的各种水草和两尾自在悠游的热带鱼，构成一个生机勃勃的海底世界。作者为作品取名"如鱼得水"，寓意人生、事业轻松顺利。

路路发财

优秀奖

材质：发晶
尺寸：24×27×13cm
作者：张发勇
送评人：张发勇

两只深情相依的白鹭，身形饱满，体态闲逸，仿佛絮絮私语，情境温馨。水晶内部墨绿色的包裹体与茂盛的水草有着天然的近似，与整体情境和谐统一，进一步烘托了韵致，优雅唯美。

锦上添花

优秀奖

材质：水晶（含绿泥石包裹体）
尺寸：19×30×16cm
作者：朱华林
送评人：朱华林

水晶本身的包裹体有着充满奇趣的纹理，作者将其尽数保留，并使其巧妙化蕴在唯美的情境之中，自然之美与人工之美彼此呼应，相得益彰。圆雕的锦鸡体态从容，惟妙惟肖。

释迦牟尼

优秀奖

材质：黄晶
尺寸：15×29×11cm
作者：朱华林
送评人：朱华林

作品宝相端庄，韵致沉静，释迦开脸工整，体态中正，如意手印醒目而精致，很好地突出了作品主旨和审美重点。

九鲤图

优秀奖

材质：发晶
尺寸：14×18×7cm
作者：张发勇
送评人：张发勇

作品巧妙化用所有鲜亮的色泽，将其雕琢为追逐嬉戏的鱼群。九条鲤鱼身姿轻盈，饱满肥美，动感十足，水晶本身的质地与流水的情态有着天然的近似，更为观者提供了有趣的联想，整体情境吉祥喜人。

八方来财

优秀奖

材质：发晶
尺寸：20×42×15cm
作者：张发勇
送评人：张发勇

圆雕和镂雕技法的熟稔使用使得作品层次繁而不乱，细节刻画惟妙惟肖。盛放的花朵和轻盈的草叶均有着逼真的质感和情态，整体韵致娇美动人，令人赏玩不尽。

大圣腾云

优秀奖

材质：水晶
尺寸：11×11×11cm
送评人：冯同霞、王明

对于齐天大圣孙悟空，大家印象最深的色彩就是金色与红色——紫金冠、金箍棒、火眼金睛与火红的披风。这块水晶中的包裹体恰恰呈现出金红两色，更妙的是大片金黄色恰似一团霞光之中的筋斗云，正是大圣腾云之相。

人约黄昏后

优秀奖

材质：水晶（含黑云母包裹体）
尺寸：29×21×13cm
送评人：冯寿千、冯同霞

这块水晶之中的包裹体呈现出一幅中国传统爱情的经典场景，书生与小姐迫于礼教，在黄昏人际稀少之时私会于深园假山之后。水晶之中不仅有人形、假山，连书生的拘束与小姐的羞涩也呈现得淋漓尽致，不禁令人称奇。

龙龟
优秀奖

材质：水晶（含云母包裹体）
尺寸：18×25×12cm
送评人：刘梓豪

龙龟，相传为古代神龙所生之子，是龙神和灵龟的化身。此外由于“龙龟”与“荣归”同音，龙龟也代表“衣锦还乡，荣归故里”。对于出外打拼的人，具有极佳的寓意。这件水晶中的包裹体，像极了传说中的神兽龙龟。

吉祥如意
优秀奖

材质：水晶（含云母包裹体）
尺寸：20×8×6cm
送评人：刘梓豪

水晶中的白色包裹体浮现出远山的景象，后在近景之中，一头黑色的象影正在徐徐前行。大象昂首甩鼻的动态简直如同摄影图片一般真实。

虾趣

优秀奖

材质：水晶
尺寸：65×70×30cm
作者：郑燕
送评人：郑燕

作品以镂空雕刻的技巧雕刻出一群水底的大虾，个个鲜活灵动，栩栩如生，神韵充盈，群虾长长的触须和成对的虾足穿插交错在一起，构成一种热闹的景象。由于作品由水晶雕刻而成，故而也将虾体的晶莹剔透质感呈现出来，使作品更加自然逼真。

虎跃飞瀑

优秀奖

材质：水晶（含绿泥石、黑云母包裹体）
尺寸：15×10×7cm
送评人：周毅

水晶之中的绿泥石堆叠高耸，恰似丛林繁茂的山峦，而中间一道白色的包裹体伴随着白雾蒸腾而下，恰似奔涌下落的瀑布，瀑布之侧，一块形如猛虎的包裹体蹲踞于山巅，蓄势待发，呼之欲出，这幅天然形成的图景气象万千，意透石外。

宝塔松

优秀奖

材质：水晶
尺寸：17×33×12cm
送评人：张芹

这件水晶中的包裹体恰似屹立于山巅的宝塔松，不仅造型栩栩如生，且有迎风摇摆之感。

骏
优秀奖

材质：水晶
尺寸：35 × 30 × 15cm
作者：郑燕
送评人：郑燕

骏，乃马之良材，体型高大健壮，日行千里，因而如何修饰都不过分。此件作品中作者仅仅表现出骏马的头部，自颈部的鬃毛至整个身体全部淹没于晶莹华美的纹饰中，作者通过光彩照人、浪漫奇特的想象来衬托骏马之神采，巧妙独特。

路路发财
优秀奖

材质：水晶
尺寸：17 × 23 × 10cm
作者：张发勇
送评人：张发勇

晶体澄澈，清透无杂，莹莹生光。作品构图和谐，线条灵动，造型起伏而富有变化，从多个角度均有不同的视觉惊喜，整体韵致清新优美，耐人品味。

金刚萨埵

优秀奖

材质：黄晶
尺寸：46×26×15cm
作者：吴庆同
送评人：赵举斌

金刚萨埵摆件用料上乘，黄水晶颜色纯正，质地通透，材质的天然之美引人注目。作者以高超的雕刻技巧，雕刻出一尊盘坐的金刚萨埵，生动细致，庄严而慈悲。水晶的色彩与金刚萨埵的宗教形象相得益彰，令人心生敬畏之情。

普度观音
优秀奖

材质：发晶
尺寸：60×12×8cm
作者：陈金杰
送评人：陈金杰

普度观音所选用的水晶材质颇为独特，上端为晶莹剔透的白水晶，下端为色泽红艳、吉祥美观的红水晶。作者因材施艺，巧妙构思，以白色水晶雕成观音的头部，红色部分雕成观音的身躯，雕成的观音立像沉稳端庄，散发着佛性的慈悲。

观音
优秀奖

材质：水晶
尺寸：46.5×15×15cm
作者：吴兆娥、吴洋
送评人：吴兆娥

观音在古印度时是男相的，因佛教传入中原后才慢慢被女性化。此件水晶观音即采用原始的男身立像，衣饰朴素，身材高大，面相慈悲，胸前雕有吉祥的“卍”字符，庄重而尊贵。

竹海

优秀奖

材质：发晶（含绿泥石包裹体）
尺寸：15×12×4cm
送评人：周旭

绿幽灵水晶之中的包裹体一般都呈现团块状或塔状，而这块绿幽灵的包裹体却呈现出类似发晶的丝状的结构，绿泥石独有的绿色让包裹体看起来像极了茂密的竹林。

茶壶

优秀奖

材质：发晶
尺寸：19.6×12.6cm
作者：石圃水晶精品馆
送评：石圃水晶精品馆

作者取法传统，造壶形制古朴端正，饱满而呈方形的壶身，加上圆弧状的粗把手和短直的壶嘴，整体呈现出刚柔并济、含蓄典雅的美学风格。此外，原石细密的结晶也为作品添了几分灵动，更显秀美。

人面狮身

优秀奖

材质：水晶
尺寸：4.8×2cm
送评人：朱守贵

这块水晶的包裹体形状极似矗立于埃及金字塔之侧的狮身人面像，水晶主体的色调略显冷暗深邃，正如同狮身人面像历经数千年的岁月感，让人浮想联翩。

童子拜观音

优秀奖

材质：水晶
尺寸：2×5×1cm
作者：郭震
送评人：郭震

挂坠依材质特点设计，因材施艺，设计成界限分明的两个部分。上半部分作者以浮雕手法雕出一尊交脚观音像，观音手持净瓶，挺身端坐；下半部分则以阴线刻的形式勾勒一位双手合十，参拜观音的童子，童子的形象与水晶内部的包裹体搭配自然和谐，十分巧妙。

莲花观音

优秀奖

材质：烟晶
尺寸：73×36×15cm
作者：郑燕
送评人：郑燕

莲花与佛教有着不解之缘，象征着由烦恼至清净，净化自我，故常与诸佛菩萨相伴。此件作品中面相饱满的观音低眉垂目，法相庄严，被一朵朵盛放的莲花环绕，仿佛置身于一个清凉世界，给人超凡脱俗的感觉。

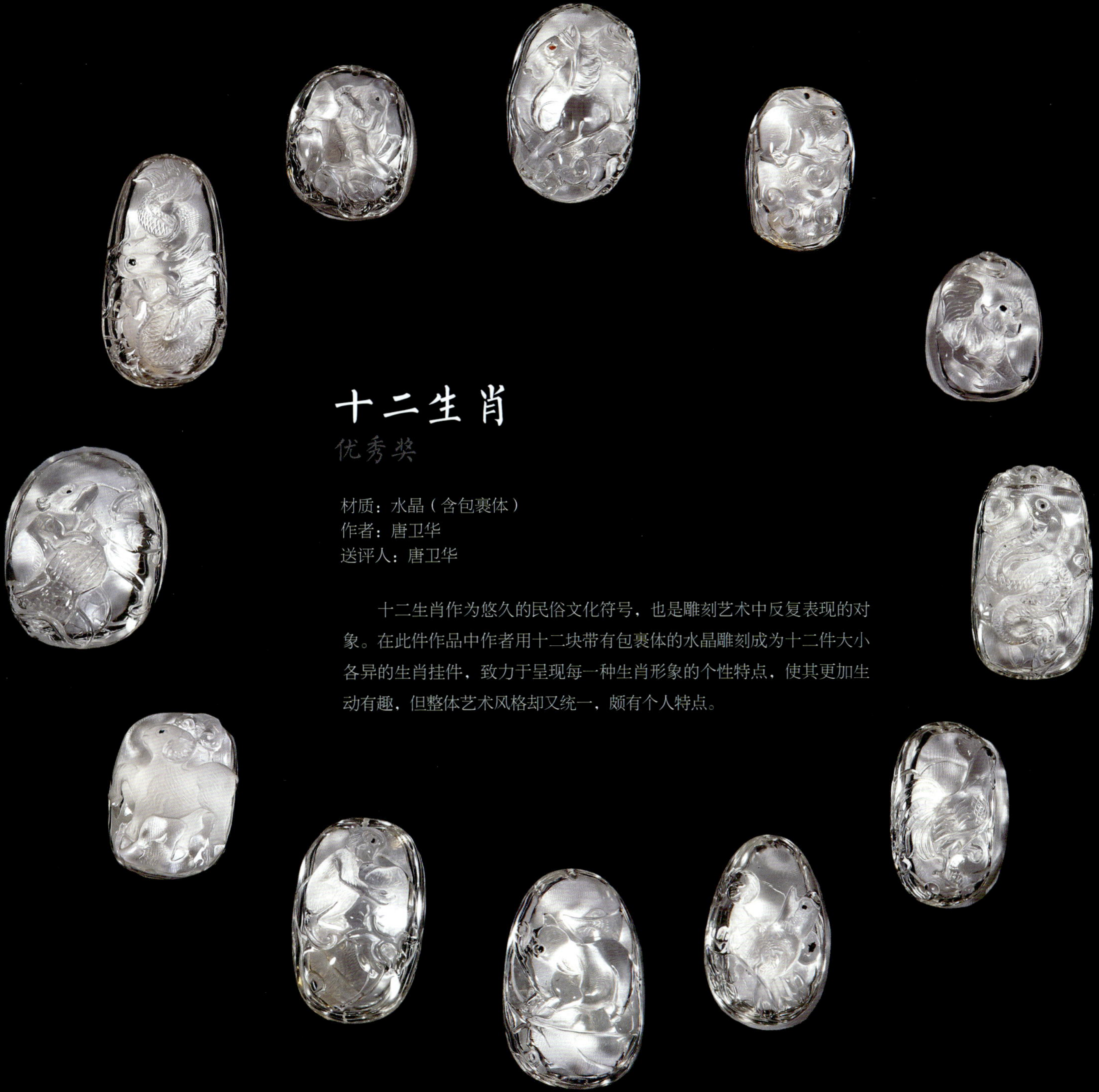

十二生肖

优秀奖

材质：水晶（含包裹体）
作者：唐卫华
送评人：唐卫华

十二生肖作为悠久的民俗文化符号，也是雕刻艺术中反复表现的对象。在此件作品中作者用十二块带有包裹体的水晶雕刻成为十二件大小各异的生肖挂件，致力于呈现每一种生肖形象的个性特点，使其更加生动有趣，但整体艺术风格却又统一，颇有个人特点。

生生富贵

优秀奖

材质：水晶（含绿泥石包裹体）
尺寸：15×9×5.5cm
送评人：孙睿

这件水晶轮廓下阔上尖，给人以稳重和上升的视觉感，水晶中的包裹体如同茁壮成长的树干，又有如绽放的鲜花，富有极强的生命力。

霸王龙

优秀奖

材质：水晶（含云母包裹体）
尺寸：18×15×15cm
送评人：刘梓豪

霸王龙虽然是已经灭绝了千万年的史前巨兽，但作为曾经的地球霸主，其威猛凶悍今日依然令人震撼。正如这件水晶之中的霸王龙一般，虽然只是一道简单的剪影，但那睥睨一切动物的姿态依然震慑人心。

火焰地藏

优秀奖

材质：黄晶
尺寸：15.6×4×2.1cm
作者：王兴
送评：应汶玉文化研究院

作品构思独特，想象奇特，作者用天然的黄水晶雕成一团火焰，跳跃闪烁，动感十足；又在火焰上浮雕盘腿端坐的地藏菩萨形象，菩萨一手握锡杖，一手持佛教宝珠，在烈焰中泰然自若，安静祥和。作品通过一种动与静的对比反差，突出了佛教独特的思想观念。

杨柳观音

优秀奖

材质：水晶
尺寸：56×17×16cm
作者：徐之行
送评人：徐之行

作品造型颀长纤巧，莲台精巧秀雅。观音体态端庄，面容饱满，体态丰腴，头戴宝冠，颈饰璎珞，长袖飘逸，颇有唐风，让人见之难忘。此外，原石通体晶莹剔透，纤尘不染，更添几分圣洁。

连年有鱼

优秀奖

材质：水晶（含绿泥石包裹体）
尺寸：28×48×16cm
作者：冯同民
送评人：冯同民

作品构图疏密有致，作者大面积保留原石原貌，远观如清浅水底自然生动。细看底部有灵动水纹，点缀圆融水珠十分可爱。两侧水草丛生，水草摇曳多姿，极具动态美感。几尾鱼儿自在欢游，似窃窃私语，和乐的场景十分动人。

金玉满堂
优秀奖

材质：发晶
尺寸：45 × 43 × 13cm
作者：霍变红
送评人：刘标

作者用原石中透明的部分巧雕成波浪和鱼儿，波浪用灵动线条勾勒出，灵动多姿。两只鱼儿在波浪间自在欢游，周边水珠环绕，十分和乐。此外，作者俏色巧雕，使作品呈现出大面积金色，更贴合金玉满堂的主题。

花开富贵
优秀奖

材质：发晶
尺寸：24 × 23 × 10cm
作者：朱文翠
送评人：朱文翠

牡丹盛放，月圆如轮，两只灵动的小鸟仿佛窃窃私语，又似引吭高歌。作者以细腻的刀笔呈现出唯美喜人的情境，将作品的吉祥寓意表达得醉人心怀，耐人寻味。

真假美猴王

优秀奖

材质：发晶
尺寸：28×25×5cm
作者：陈庆霖
送评人：赵举斌

“真假美猴王”作为《西游记》中的经典情节家喻户晓，作者将之选为创作的题材，十分讨巧。作品由两块材质相似的水晶雕刻而成，两个摆件中的美猴王均手持芭蕉扇，在火焰中挥舞，动作神态颇为相像，因而产生出难分难辨的艺术效果。

长寿佛

优秀奖

材质：水晶
尺寸：47×22×20cm
作者：宋雪林、宋雪辉
送评人：宋雪林、宋雪辉

作品比例准确，重心稳定。佛像开脸精致，块面和线条工整严谨。尤其衣带的塑造，灵动自然，质感生动，愈发将佛像气韵衬托得沉静端宁，极富艺术感染力。

念珠观音

优秀奖

材质：水晶
尺寸：30×12×10cm
作者：宋雪林、宋雪辉
送评人：宋雪林、宋雪辉

作品磨砂工艺的布局合理，使得丰富的细节有着鲜明的层次感，既将观音衣饰展现得飘逸灵动，又烘托了观音圣灵、端庄的气质。大部分抛光处理，彰显了水晶本身的清透无杂，美感十足。

秋收

优秀奖

材质：发晶
尺寸：30×17cm
送评：石圃水晶精品馆

密密排列的金黄色包裹体，在透视感极强的多面体水晶之中，呈现出一望无际的金秋麦田景象。四散迸发的麦芒，充满了极强的生命力。

锦上添花

优秀奖

材质：发晶
尺寸：28×22cm
送评：石圃水晶精品馆

璀璨夺目的金黄色包裹体，如锦缎，如鲜花，更如同美好的生活与远大前程。由包裹体发丝编制而成的看似凌乱但却极富张力的图景，让观者精神为之一振。

翠鸟

优秀奖

材质：发晶
尺寸：33×17×8cm
作者：高素珍
送评人：高素珍

作品内容充实，细节丰富，花鸟神态刻画得十分传神，对水晶原料天然特征的利用也十分恰当，圆雕镂雕多种工艺均熟稔、严谨，整体效果很出色。

马首

材质：黄晶
尺寸：20 × 38 × 16cm
作者：胡安龙
送评人：胡安龙

作者借鉴西方雕塑之法，用洗练线条勾勒出马首轮廓，简洁而美观。细看马脖上鬃毛浓密，纤巧马首上马目明澈动人，马嘴微张似低首嘶叫，引人遐思无限。作者将马儿温驯、沉静的神态刻画得栩栩如生，很有艺术感染力。

释迦牟尼

优秀奖

材质：水晶
尺寸：33×60×22cm
作者：胡安龙
送评人：胡安龙

作品比例精当，佛陀身形匀停，体态端庄，加上细腻的雕工，更显精巧玲珑。佛祖结跏趺坐，容貌俊朗，庄严肃穆的法相引人敬畏。此外，作者用灵动多姿的纹饰点缀背光，更添几分秀美。

大花瓶
优秀奖

材质：发晶
尺寸：19×30×10cm
作者：马传君
送评人：马传君

瓶形端庄大气，流畅的弧线勾勒出饱满瓶身，加上灵动多姿的兽形双耳，整体观之如青铜器厚重不俗。此外，原石独特的纹路和不规则排列的包裹体看似不完美，却也让作品多了几分沧桑古韵，更显含蓄古朴。

壶
优秀奖

材质：发晶
尺寸：30×19×16cm
作者：吴建敏、王万军
送评人：王万军

作品将富有金色发丝的晶体大部分保留在壶身部位，使得自然意趣被很好地凸显出来，视觉效果上佳。壶形本身比例恰当，重心沉稳，壶盖、手柄的处理十分精细，可见工艺精良。

天女散花

优秀奖

材质：发晶
尺寸：16×38×11cm
作者：卢沈阳
送评人：卢沈阳

作品比例协调，天女体态窈窕多姿，双手高举花篮，侧身弯腿似要腾空跃起，极富动态。细看天女梳高髻着华服，面庞饱满而容貌端丽，长袖善舞的模样颇有唐风，再加上层次丰富的色彩，整体而言具有极高的观赏价值。

代代有福

优秀奖

材质：发晶
尺寸：17.5×9×7.5cm
作者：苏鹏设计、孙睿制作
送评人：孙睿

布袋和尚即五代浙江奉化岳林寺的契此和尚，传说中他是弥勒佛下生人间的化身，后世弥勒佛多是他的形象。此件水晶雕成的布袋佛大腹便便，张口而笑，满脸喜乐之像；背上的布袋俏色而成，鲜艳醒目。

多子多福

优秀奖

材质：水晶
尺寸：18×20×16cm
作者：唐卫华
送评人：唐卫华

晶体内部色泽丰富，质地变化多端，本身充满自然神奇和田园之趣，作者在完整展现水晶天然美感的同时，亦精心塑造了许多生动的细节，耐人品读。

普天同庆
优秀奖

材质：发晶
尺寸：38×32cm
送评：石圃水晶精品馆

这块水晶之中的发丝状包裹体虽然分布并不算十分密集，但巧就巧在疏朗之中自有格局，且每一簇包裹体都呈现出强烈的放射感，正如同空旷的夜空中一团团迸散的烟花，充满了喜庆的节日气氛。

兰花
优秀奖

材质：发晶
尺寸：22×42×20cm
作者：苏明贤
送评人：苏明贤

作品保留了水晶原石大部分天然特征，尤其将内部奇绝的纹理化呈为作品背景，极好的烘托了兰花的柔美韵致，营造出“深谷幽兰，静吐芬芳”的唯美情境，令人遐思无限。

香炉

优秀奖

材质：水晶
尺寸：26×24×19cm
作者：庞友侠
送评人：庞友侠

作品借鉴了玉雕香炉的造型特征，活环工艺更显精绝，阴刻的纹饰细腻精致，搭配水晶澄澈的质地特征，备显韵致独特。形制上，比例精准，对称性上佳，可见工艺熟稔。

佛祖
优秀奖

材质：水晶
尺寸：43×47×29cm
作者：林志萍、张丙祥
送评人：张丙祥

佛祖体态的对称性极佳，各部分比例精准，整体效果和谐悦目。磨砂工艺的合理使用使得佛祖形象立体，细节层次分明，繁而不乱，从而很好地营造出沉静、端宁的圣灵气韵，艺术效果绝佳。

八骏图

优秀奖

材质：发晶
尺寸：22×30×11cm
作者：张发勇
送评人：张发勇

作品俏色巧用，将晶体透明度较大的部分稍事雕琢，以充分的留白烘托情境。又利用色泽沉浓的部分雕刻出奔腾飞驰的八匹骏马，各异的情态、十足的动感均在熟稔的圆雕和镂雕技法中得到了准确的传达，艺术效果卓越。

五鼠运财

材质：水晶
尺寸：20×30×20cm
作者：唐玉坤
送评人：唐玉坤

作者顺色立意，依形就势，在不同色彩的晶体部分构思了巧妙的内容和细节。五只老鼠情态各异，分外灵动，线条和块面的处理可圈可点。

佛祖
优秀奖

材质：发晶
尺寸：46×72×31cm
作者：林志萍
送评人：林志萍

晶体内部质地均匀，色泽鲜亮，金光灿灿，与佛祖题材有着天然微妙的呼应。作品对称性上佳，佛祖形象比例准确，韵致端宁，局部磨砂处理恰到好处地突出了佛面的表情和神韵，审美重点突出。

智行佛母

优秀奖

材质：黄晶
尺寸：8.2×5.3×1.8cm
作者：阮晓果
送评人：阮晓果

智行佛母来自于藏传佛教，常常被作为智慧女神供养。此件作品中的智行佛母造型既沿用传统藏传造像而又有所改变，佛母张弓射箭，项挂头骨项链相对传统，而被三面八臂的形象则颇为独特。佛母背后环绕火焰光环，脚踏恶鬼，护佑众生，十分吉祥。

地藏王

优秀奖

材质：黄晶
尺寸：8.3×4.2×1.7 cm
作者：朱仁尊、魏亚青
送评人：朱仁尊

牌形端正古朴，牌头秀巧，加上水晶晶莹剔透的质地，整体给人精致玲珑之感。牌面上作者精细雕出地藏菩萨，地藏菩萨结跏趺坐，面庞饱满，容貌俊朗，一手握明珠，一手持锡杖，法相庄严沉静，引人敬畏。

佛掌观音

优秀奖

材质：发晶
尺寸：14×23×8cm
作者：张发勇
送评人：张发勇

作品以象征主义的表现形式，将观音置于佛掌之上，突出了佛法的玄奥精深，且将水晶原石的天然特征完美化蕴在情境布局之中，主题与材质有着恰到好处的呼应。

释迦牟尼

优秀奖

材质：水晶
尺寸：14.4×9.5×7.2cm
作者：孙睿设计、苏鹏制作
送评人：孙睿

天然的优质水晶纯净无瑕，通透明亮，特别适合表现安宁、祥和、纯净的佛教题材。此件法相庄严的释迦牟尼佛即以纯净的白色水晶雕成，整体造型严谨，比例准确。佛祖盘腿而坐，一手托钵，一手垂于座前，闭目安神，宁静祥和。

花开敬佛

优秀奖

材质：水晶
尺寸：26.5×7.5×6.3cm
作者：孙睿设计、苏鹏制作
送评人：孙睿

作品构思奇特，想象浪漫。一朵鲜艳的莲花缓缓开放，片片莲瓣层次分明，上面还挂着晶莹的水珠；花心的莲蓬上坐着一尊沉思的佛陀。作品巧妙诠释了佛教中“一花一世界，一叶一如来”的禅语，寓意深刻。

招财聚宝炉
优秀奖

材质：水晶
尺寸：13×18.5×14.5cm
作者：马光超、张翠国
送评人：马光超

招财聚宝炉圆腹，四足，精巧空灵，炉口外沿雕有两大两小招财的瑞兽，它们口中衔着铜钱，向炉内丢去，而炉内已经堆起了不少的钱币。作品所选的水晶材质质地纯净，通透无瑕，亮光的抛光处理也将材质光洁晶莹的美感全部呈露出来。

万年长青
优秀奖

材质：水晶（含绿泥石包裹体）
尺寸：14×20×12cm
送评人：张芹

绿幽灵（俗称）的魅力就在于绿泥石包裹体天然的深绿色，这种绿色深邃雅致，艳而不妖。这块绿幽灵之中的包裹体，形如老松，体现出“青山不老”的吉祥寓意。

八方来财

优秀奖

材质：水晶（含绿泥石包裹体）
尺寸：42×25×21cm
作者：庞友侠
送评人：庞友侠

作品完整雕刻出龙虾的躯体特征，宛如一块化石，给人以无限联想，趣味十足。晶体沉郁的色泽又为作品情境平添了几分神秘感，材料特征与表现题材完美呼应，可谓构思巧妙。

佛眼相看

优秀奖

材质：水晶（含绿泥石包裹体）
尺寸：12×28×9cm
作者：吴健和
送评人：徐增彪

作品的主体是一尊侧卧的弥勒佛造像，弥勒解衣畅怀，袒胸露腹，无拘无束，悠闲自在；饱满的面相上双耳垂肩，双眉舒展，眯着眼睛，嘴角含笑，一副喜乐开怀的表情。弥勒背后的水晶中包裹的矿物质如同飘落的沙子，让人想起佛教中“一沙一极乐”的妙语。

世世平安

优秀奖

材质：水晶
尺寸：34×15×7cm
作者：石圃水晶精品馆
送评：石圃水晶精品馆

瓶型端正大气，比例协调，加上流畅线条，颇具现代简洁美感。作者用抽象化的龙纹雕成双耳，瓶口顶部也雕有卧狮，使作品又多了几分厚重古韵。

功夫娃

优秀奖

材质：水晶
尺寸：10×18×10cm
作者：庞友侠
送评人：庞友侠

作品以简洁的造型传神地刻画了一个练功夫的孩童，圆圆的光头，稚气的表情令人忍俊不禁。晶体内部的纹理与衣料有着近似的质感，更为作品平添一份朴拙，更显憨态可掬。

笔架
优秀奖

材质：发晶
尺寸：7.5×9×3.5cm
作者：孙睿设计、苏鹏制作
送评人：孙睿

笔架亦称笔搁，是传统文房中不可或缺的器具，在今天的生活中，它不仅是实用的工具，更兼具了赏玩收藏的价值。此件发晶笔架是一枝寿桃的造型，大大小小的寿桃挤在一起，中间产生许多凹槽，可作架笔之用，巧妙而不失精致。

代代有财

优秀奖

材质：水晶
尺寸：15×12.5×6.5cm
作者：唐卫华
送评人：唐卫华

作品将不同色彩、不同质感的部分雕作不同的景物，互不干扰，却合理依偎。菜谐音“财”，寓意吉祥，昆虫的刻画细腻精致，为情境平添几分生动，新颖有趣。

海豚
优秀奖

材质：发晶
尺寸：64×42cm
送评：石圃水晶精品馆

这块水晶体型较大，其天然形状较为规整，略加打磨之后即呈现出栩栩如生的海豚形象，水晶石中的包裹体又恰似深海中随水流飘动的水草，可谓浑然天成。

花火
优秀奖

材质：发晶
尺寸：21×32×12cm
送评人：王军

浓密的包裹体呈现出赭石般的色彩，在这略显深沉的色彩中，却有根根明亮的发丝点缀其间，明暗交织旋转间，水晶石之中恰似一场席卷天地的风暴。

站观音

优秀奖

材质：水晶
尺寸：高38cm
作者：王志高
送评人：汪兵

白水晶雕刻而成的观音立像，整体雕刻细致，比例协调，动态自然。头顶高髻的观音面相柔美，两弯柳叶细眉，一双秋水碧眼，鼻梁挺直，红唇小口；她端立莲花台上，一手执如意，一手握宝珠，衣饰飘飘，端庄典雅中带着无限慈悲。

幸福的味道

优秀奖

材质：水晶（含绿泥石包裹体）
尺寸：12×20×7cm
送评人：张片

这块水晶的包裹体结构绵密、色彩丰富、层次多变，以暖色调为主，让人观之而生亲近之感，再加上水晶多面折射出的璀璨效果，正如同生活的幸福那样多姿多彩。

头骨

优秀奖

材质：水晶
尺寸：高15cm
作者：薛通、李春莲
送评人：李春莲

作为死亡象征的人头骨，也是艺术创作中经常出现的题材，以表达创作者对生死的思考。此件人头骨作品由水晶雕制而成，以普通的人头骨等比例缩制，造型准确，雕琢精心，也反映出了作者对人体骨骼的准确把握。

站佛

优秀奖

材质：水晶
尺寸：高18cm
作者：王志高
送评人：汪兵

同样是以弥勒佛为题材的创作，此件作品却自有独特之处。作者将大腹便便的弥勒佛设计得十分灵活，弥勒佛挺着肚子单脚站立的形象叫人忍俊不禁，再加上他笑口常开的表情，给作品增加了欢乐之感，从而给观者以情绪上的感染。

大日如来

优秀奖

材质：水晶
尺寸：42×12×8cm
作者：黄君亮
送评人：窦华军

在佛教中，佛有三身——法身、报身、应身，大日如来即是佛的法身，又名毗卢遮那佛。作者用漂亮的红色水晶进行雕刻，将大日如来浮雕于水晶柱上，脚踏莲花宝台，一手托金钵，一手施无畏印，十分庄严。

事事如意

优秀奖

材质：水晶
尺寸：28×39×20cm
作者：张怀森
送评人：张怀森

原石色彩斑斓的部分被作者巧雕成不规则山石，让人联想起广阔山野，可谓以小见大。山石上三只雄狮戏珠，追逐笑闹，身姿矫健，憨态可爱。整件作品层次分明，寓意祥瑞，十分讨喜。

龙凤把玩壶

优秀奖

材质：发晶
尺寸：14×10×7cm
作者：唐春兴
送评人：唐春兴

风首为壶嘴，龙身为手柄，作品将龙凤元素巧妙搭配在一起，既符合“龙凤呈祥”的吉祥口彩，又使得作品颇具古韵。壶身中含有金色的发丝，呈现出十足美感和自然意趣。

月朗风清

优秀奖

材质：水晶（含绿泥石包裹体）
尺寸：29×23×15cm
送评人：周毅

水晶之中黝黑色的包裹体，再加上水晶自身的折射，衬托出广袤无垠的宁静夜空，在这夜空之中，一弯银月从白云中缓缓浮现，让人望之如临其境，如沐清风。

发宝葫芦
优秀奖

材质：发晶
尺寸：15×10×4cm
作者：刘守强
送评人：张建玲

水晶内部的发丝排列细密，色泽鲜亮，金光璀璨，给人以吉祥喜气的视觉感受，作品以简洁的形制充分展示了晶体的天然美感，呈现出精巧有趣的艺术效果。

壶
优秀奖

材质：发晶
尺寸：43×23×14cm
作者：马传君
送评人：马传君

壶形比例协调，壶把手和壶嘴的高度处于同一水平线上，更显对称和谐。更巧妙的是作者在壶身和壶口切割出多个棱面，呈现出古今兼融、含蓄典雅的美学风格。此外，发晶细密的结晶也让古朴端正的作品更多了几分灵动。

甘泽云众

优秀奖

材质：水晶
尺寸：55×26×24cm
作者：翁祝红、侯理博
送评人：翁祝红

作品巧妙利用材质的自然特征，以水晶下端的白色部分巧雕出一团祥云，用来烘托端坐莲花台上的菩萨。交脚盘坐的菩萨头戴珍宝头冠，身披飘带，一手持杨柳枝，一手握净瓶，庄严肃穆，向人间挥洒甘露，恩泽芸芸众生。

猿鸣不知处

优秀奖

材质：水晶
尺寸：30×18×14cm
送评：王峰

这块水晶中的包裹体层层叠叠，如远山飞瀑，又如烟霞笼罩。左下方一块神似轻舟的包裹体可谓画龙点睛，瞬间呈现出“两岸猿声啼不住，轻舟已过万重山”的诗意。

晶彩荟萃

优秀奖

材质：发晶
尺寸：68×27×24cm
送评：石圃水晶精品馆

这是一块极具动感和气势的水晶。金色偏红的浓密包裹体自下而上由浓密逐渐变淡，营造出极强的升腾感。

恩爱
优秀奖

材质：水晶
尺寸：80 × 35 × 28cm
作者：郑燕
送评人：郑燕

作品表现的是一对漂亮的鹦鹉，它们栖息在一段树枝上，回首相望，含情脉脉，无声中将作品恩爱的主题刻画得恰到好处。两只鹦鹉雕刻细致，它们身上层层叠叠的羽毛层次分明，随着动态的变化而变化，蓬松华美，自然得当。

金龙鱼
优秀奖

材质：烟黄晶
尺寸：60×50cm
作者：陈旭辉、吴子健
送评：东海县恒达珠宝有限公司

作品以象征财富、地位的金龙鱼作为创作题材，雕刻精细，俏色巧妙。作者将水晶材质中的茶色部分雕刻成金龙鱼的头部，身体则用晶莹通透的黄水晶雕刻，最终雕成的金龙鱼体态优美，英姿飒爽，也将水晶的天然色彩体现得恰到好处。

天鹅戏水
优秀奖

材质：水晶
尺寸：30×20×19cm
作者：赵钟
送评人：赵钟

作者巧妙利用原石透明的部分雕出田田荷叶、精巧莲蓬和天鹅，整体观之层次分明，满溢自然生趣。两只天鹅惬意游于水上，因争抢食物而僵持不下，伸长的脖颈和微微张开的翅膀都极富动态，充满艺术感染力。

家财万贯

优秀奖

材质：发晶
尺寸：17×17×9cm
作者：王超
送评人：王超

晶体内的发丝排列紧密，色泽匀一，璀璨生光。与金蟾的形象有着巧妙呼应。作品造型敦实，细节考究，体态、神态十分生动。整体观之，给人以饱满、沉重之感，寓意财源满仓，富足吉祥。

鼠来宝

优秀奖

材质：水晶
尺寸：10×12×5.5cm
作者：唐玉坤
送评人：唐玉坤

老鼠目光炯炯，身姿各异，情态俏皮，匍匐于元宝之上，寓意吉祥。作品下部以精细的抛光将水晶石内部的天然特征彰显出来，留下更大的赏玩空间，使得作品更有趣味。

掌上明珠

优秀奖

材质：水晶
尺寸：26×47×17cm
作者：倪尔波
送评人：倪尔波

一双纤纤妙手握住一颗晶莹明珠，而明珠上方躺着一位睡容宁和的婴孩，形象表达了“掌上明珠”的寓意，观之生动有趣。此外，作者对细节的处理也令人称道，手腕部分和明珠外层都点缀简洁纹饰，使作品更富于变化。

福寿如意

优秀奖

材质：发晶
尺寸：34×26×12cm
作者：霍变红
送评人：刘标

被世俗化的弥勒，双耳垂肩，笑口常开，面相饱满，俨然与传统国人心目中的“福相”实现了完美的统一，因而弥勒也成了“福”的象征。作品中的弥勒佛一手握如意，一手持元宝，构成了福寿如意的吉祥寓意。而作品所选用的发晶材质，内部的天然纹理耀眼夺目，更添吉庆气氛。

佛像

优秀奖

材质：水晶
尺寸：高29cm
作者：徐利剑
送评人：徐利剑

作品为一尊站姿的水晶佛像，造象简约，构思独特。作者依材质的特点进行雕刻设计，用红色的水晶雕刻出熊熊燃烧的烈火，虔诚的佛陀双手合持水晶球，端立在火焰之上，表情刚毅，目光坚定，令人肃然起敬。

观音

优秀奖

材质：水晶
尺寸：高28cm
作者：徐利剑
送评人：徐利剑

作品中的观音眉清目秀，面相饱满柔和，发髻梳理整齐，穿一身简约素雅的贴身白色长袍，双手怀抱一只如意。这尊身姿妙曼、遗世独立的观音像，在慈悲庄严的宗教特征之外呈现出一种世俗化的美感，让人倍觉亲近。

阿弥陀佛

优秀奖

材质：水晶
尺寸：35×12×12cm
作者：宋雪林、宋雪辉
送评人：宋雪林、宋雪辉

晶体清透澄澈，莹莹生光，与佛像的圣灵气韵有着天然而和谐的呼应。作品比例适宜，线条流畅，磨砂和抛光部分的处理恰到好处，图景层次分明，形象立体，细节考究。

恋

优秀奖

材质：水晶（含绿泥石包裹体）
尺寸：35×10×20cm
作者：刘航
送评人：刘航

作品保留了水晶原石的天然轮廓，依形就势雕琢出观音窈窕、飘逸的身姿，同时在刻画中借鉴了仕女画的风格，使得作品情境别添柔美的韵致，整体效果清新唯美。

地藏王
优秀奖

材质：水晶
尺寸：45×17×13m
作者：董新江
送评人：李卫波

作品比例精准，地藏菩萨体态沉静，身形自然逼真。法器圣灵、鲜明，不仅突出了地藏王的造型特点，亦很好的传达了应有的气韵。胸前、双手和头部的磨砂处理使得菩萨慈悲的神态极富感染力，给人以平和安宁的心境。

禅悟

优秀奖

材质：水晶（含绿泥石包裹体）
尺寸：95×48×22cm
作者：郑燕
送评人：郑燕

作品是一尊观音的头像特写，作者在她面前又雕刻翻卷的浪花，晶莹剔透，汹涌澎湃。面相饱满的观音低头沉思，静静禅悟，眉宇间绽放着慈悲的光辉。浪花的澎湃与观音的神态构成一动一静的对比，从而强调了禅悟时岿然不动的内心。

释迦牟尼

优秀奖

材质：水晶
尺寸：39×107×37cm
作者：胡安龙
送评人：胡安龙

作品比例协调，整体造型颀长，使佛像于庄严之外更添几分秀雅。佛陀体态端庄，容貌俊朗不凡，庄严肃穆的法相给人高贵、宁静之感。此外，水晶通透无瑕的质地也让作品更显纯净、圣洁，让观者不由心生敬畏。

女娲补天

优秀奖

材质：水晶
尺寸：45 × 33 × 25cm
作者：王兆龙
送评人：王兆龙

作品人物身姿窈窕、气质优雅，流畅的线条和工整的块面将人物皮肤和肌肉的质感表现得自然逼真。同时保留了部分原石的天然轮廓，给作品平添几分质朴和真趣。

国之重器

优秀奖

材质：水晶（含绿泥石包裹体）
尺寸：球直径11.5cm，柱高45、直径13cm
送评：石圃水晶精品馆

原料视觉效果极佳，下方的包裹体与上方的透明晶体由一道清晰的“地平线”一分为二，通过球形水晶的凸透镜效果，呈现出一望无际万里山河的感觉，而另一块水晶既如同丰碑，又如同即将飞向天际的火箭，象征着中华之复兴。

大业有成

优秀奖

材质：水晶
尺寸：38×42×20cm
作者：陈旭辉
送评：东海县恒达珠宝有限公司

作品形制优美，光泽柔和，晶体的天然特征在作者的巧妙构思下呈现出迷人的美感。饱满的南瓜、葱郁的藤叶皆透达出欣欣向荣之意，寓意吉祥。抛光和磨砂部分彼此映衬，艺术效果上佳。

多子多福
优秀奖

材质：发晶
尺寸：21.8×13.3×8.6cm
作者：杨波
送评人：杨波

晶体中的发丝密实细腻，充满了令人惊叹的造化神奇。作品巧妙利用了水晶原石的天然特征，以多个弧面将其美感充分彰显。同时硕果累累的景象寓意着多子多福，吉祥喜人。

荷塘月色
优秀奖

材质：水晶（含绿泥石包裹体）
尺寸：50×50×28cm
作者：张怀森
送评人：张怀森

作者充分利用了原石多变的色彩，俏色巧雕出荷塘明月，加上材质晶莹剔透的质地，更显意境空明宁静。细看荷塘水面静谧，莲花盛放，娇柔可爱，一轮明月似刚从天际升起，整幅画面典雅清俊，极富感染力。

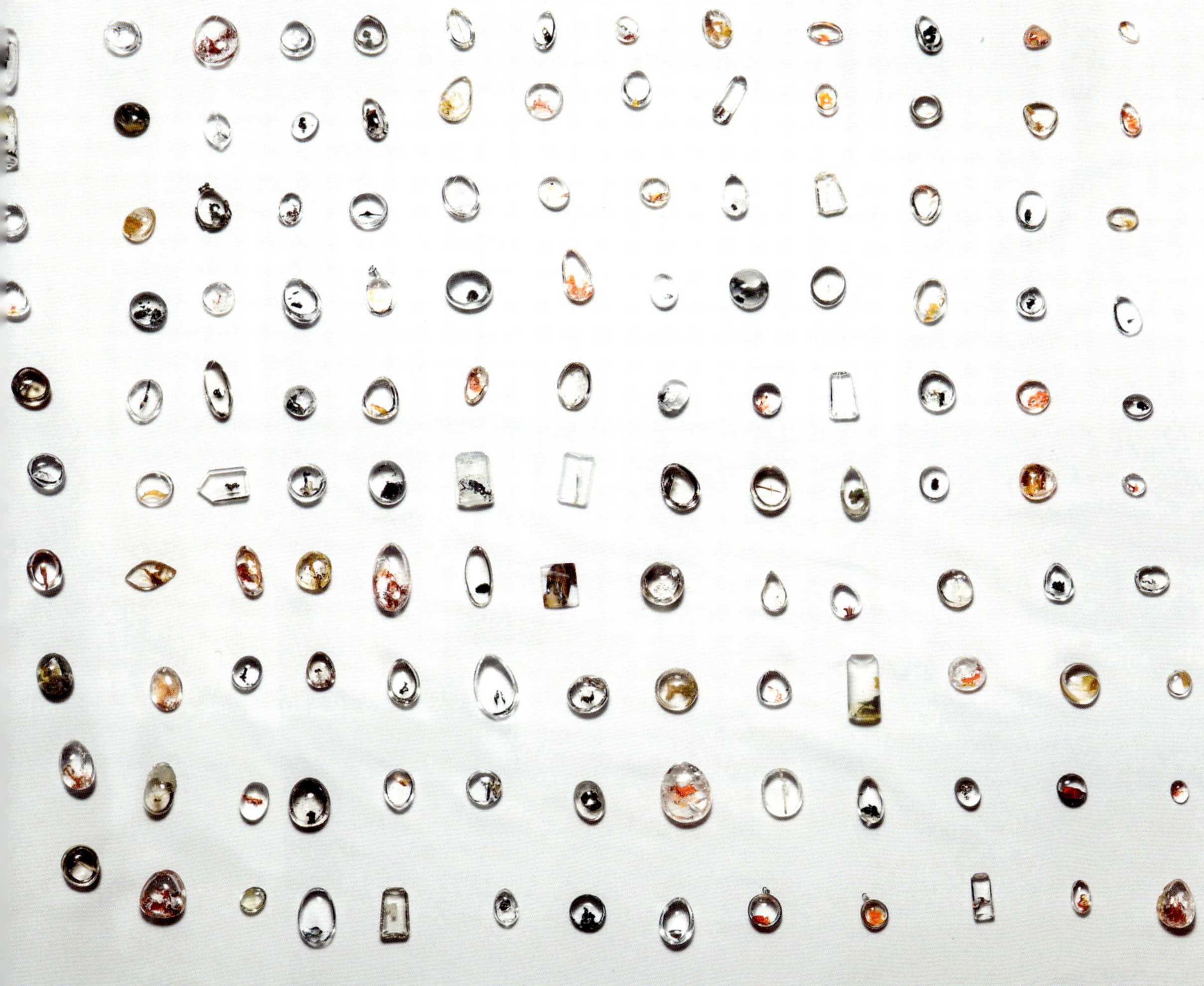

西游记系列天然象形水晶观赏石

优秀奖

材质：水晶

送评人：岳振兵

这是一组仪态万千、包罗万象的水晶石，每块水晶之中的天然包裹体，展现了《西游记》之中的大半故事和场景。其中既有腾云驾雾的齐天大圣，也有精灵古怪的各路小妖，既有重达千钧的定海神针，又有阴森曲折的妖精洞府，怎不令人叫绝。

江山如画

优秀奖

材质：水晶（含绿泥石包裹体）
尺寸：26×16cm
送评：石圃水晶精品馆

包裹体呈现出类似大写意山水画般的意境，郁郁葱葱的山峦之间，若有若无的烟岚飘荡起伏，幽然深远，观之忘情。

发晶球

优秀奖

材质：发晶
尺寸：直径18.2cm
送评人：刘守强

明亮的金色发丝状包裹体根根向上飞窜，如同火树银花一般放射迸发，让人望之而生喜庆活跃之感。

和和美美

优秀奖

材质：水晶
尺寸：55×43×16cm
作者：李广军
送评人：李广军

终生相守的天鹅是美好爱情的象征，荷则谐音“和”，两者组合在一起，巧妙诠释“和和美美”的传统吉祥祝福。宁静的荷塘中，两只洁白的天鹅浮水嬉戏，一只口衔稻穗，一只轻嗅荷香，意境也十分优美。

游龙戏珠

优秀奖

材质：发晶
尺寸：9×4.4×1.8cm
作者：孙睿设计、苏鹏制作
送评人：孙睿

作品选用象征吉祥富贵的发晶材质进行创作，结合材质特点构思，重新诠释游龙戏珠的传统吉祥题材。作者运用浮雕的手法表现一条身姿灵活的飞龙在祥云中游走戏珠，游龙雕刻细致，髭须鳞片都清晰可见，尤其在水晶内部金色矿物的映衬下，金光闪耀，光彩照人。

观音
优秀奖

材质：水晶
尺寸：23×68×17cm
作者：郭加英
送评人：郭加英

作品选用质地纯净的白水晶雕刻而成，空灵澄澈，以之象征宗教之圣洁十分贴切。立于莲花台上的观音乌发高髻，钗饰精美，面容安详宁静，一手结印，一手托净瓶，垂目含笑的表情流露出无限的慈悲。

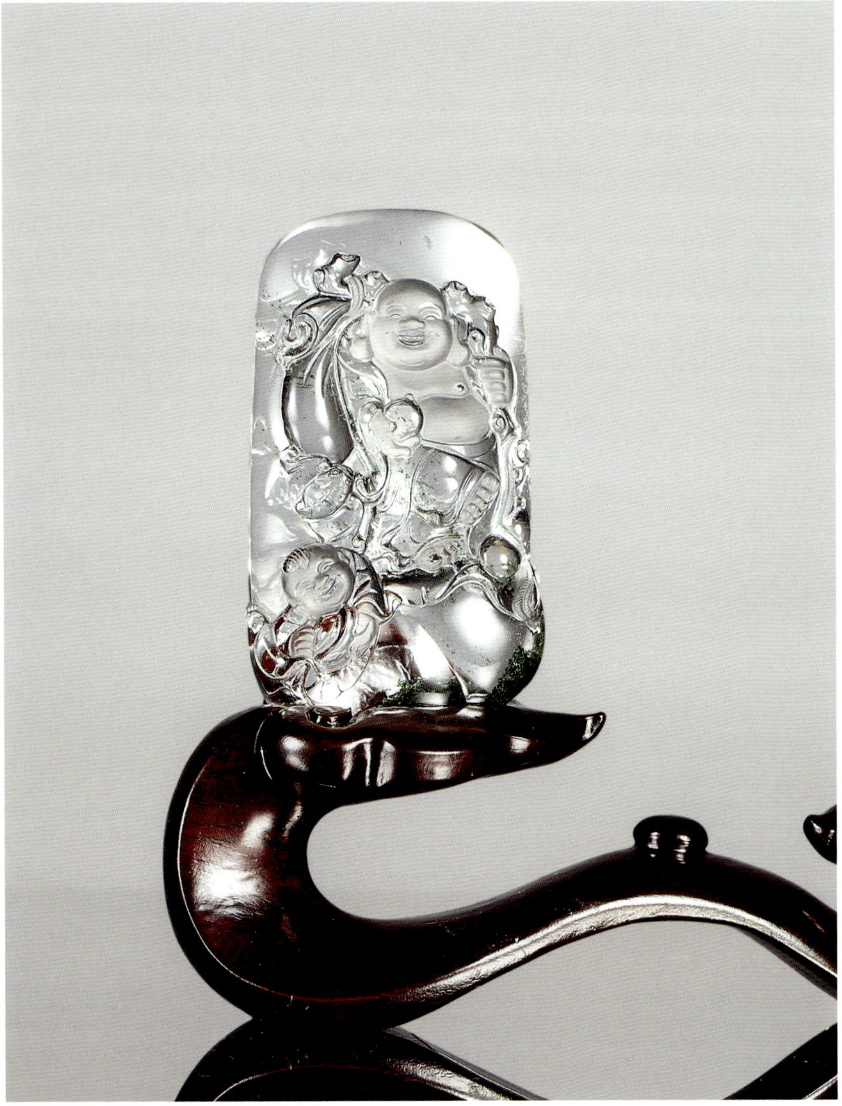

福运临门

优秀奖

材质：水晶（含绿泥石包裹体）
尺寸：10×5.3×2.1cm
作者：孙睿设计 苏鹏制作
送评人：孙睿

作者从弥勒佛大腹便便、笑口常开的世俗化特点出发，通过精心构思，使作品饱含吉祥寓意。作品中的弥勒佛一手背着布袋，一手拿着宝珠，与怀抱元宝的童子一起送福送财，从而突出了福运临门的主题。

志在必得

优秀奖

材质：水晶（含绿泥石包裹体）
尺寸：13×6×5cm
作者：李立中、李帅
送评人：李立中

作者以高超的镂空技巧，用天然水晶雕刻出螳螂捕蝉的情形。一只鸣蝉在树干上唱着夏天的赞歌，忘情自得，没有发现一只螳螂已经悄悄潜伏在自己的身后。作品雕刻细致，细节刻画生动，作者以螳螂为第一视角，为作品取名“志在必得”，给人以鼓舞。

家

优秀奖

材质：水晶、银、木
尺寸：5.8×6.0×3.8cm
送评人：刘晋、张清

作者最大限度保留了原石的本貌，凹凸不平的黝黑表面如神秘洞穴，洞口悬挂着硕大蛛网，洞内可见若干矿物结晶，散发着瑰丽光芒。岩缝渗出的水滴不时跌落，孕育了小小幼芽，平添几分生机。整件作品浑然天成，让人不由赞叹天人合一之美。

花好月圆

优秀奖

材质：水晶
尺寸：22×15cm
作者：黄庆庭
送评人：王金亭

作品所选用的白水晶材质纯净无瑕，给人一种完美圆满的感觉，与“花好月圆”的圆满美好的寓意有着内在的统一。作者经过精心的构思，细致的雕刻，将之转化成为具体的艺术形象，一轮皎洁的圆月下，鸳鸯双栖，莲花盛放，观之心生喜悦。

东海水晶人
优秀奖

材质：水晶、18K金、木
尺寸：46×14×30cm
送评人：张清、刘晋

作者妙手造乾坤，用形态各异、大小不一的水晶石加上金属制小人儿生动还原了水晶开采的情状。作者用这幅景象歌颂了东海水晶人的勤劳、质朴，也暗示了水晶这一自然美物对世人的莫大吸引力，委婉赞颂了水晶之美。

金刚萨埵
优秀奖

材质：水晶
尺寸：19×39×13cm
作者：朱华林
送评人：朱华林

水晶晶体澄澈，匀净无杂，本身具有上佳的品相，雕琢成庄严的金刚宝相，别具圣灵气韵，艺术效果卓越。细节处，线条柔美，块面工整，人物比例准确，可见工艺精湛。

精灵石

优秀奖

材质：发晶、红宝石、银
尺寸：29×13.5cm
作者：满开慧
送评人：满开慧

叶形的白银底托中间镶嵌着一块流光溢彩的黄色水晶，周围水浪般的镂空纹饰更添神秘色彩，作品风格奇幻，令人联想起西方神话中女巫的法宝，蕴藏着不可预知的能量。

锁住的烟花（系列）

优秀奖

材质：水晶、银
尺寸：耳环3.5×6cm；项链11.5×31cm
作者：满开慧
送评人：满开慧

不规则的形制给人以大胆、奔放的视觉感受，冷硬银片的叠加更显得气势十足、分外生动。抽象的设计使得作品充满奇幻的韵致，能够很好的衬托主人的强大气场和独特个性。

开心佛

优秀奖

材质：紫晶、18K金
尺寸：4.3×3.6×0.9cm
作者：孙睿设计、刘棒制作
送评人：至善坊

作品以紫水晶雕刻了一尊情态喜人的弥勒像，流畅的线条、圆融的块面很好地传达了弥勒的神韵，搭配金属和粉色小钻，熠熠生辉，且口彩吉祥。

蝶恋花

优秀奖

材质：紫晶
尺寸：3.2×3.2×1.5cm
送评人：张发用

作品形似一只翩翩飞舞的蝴蝶，又将一颗色彩浓郁、光泽瑰丽的紫水晶恰到好处地化呈为蝴蝶的翅膀，布满蝶身的小钻与紫水晶交相辉映，给人以秀丽、璀璨的视觉感受，美感倍增。

金陵十二钗（项坠、戒指）

优秀奖

材质：紫黄晶、18k金、钻石、黄钻
尺寸：5×3×1.2cm
作者：王旭
送评人：王旭

作者以十二瓣花瓣比喻金陵十二钗，表达了作品集古典女性多种风情于一体的设计理念。多种色彩的搭配，娟秀娇美的形制不仅饱蕴着复古风格中特有的端庄大气，亦能很好的衬托出女性的温柔气质。

一帘幽梦（系列）

优秀奖

材质：紫晶、银
尺寸：38×15cm；6.5×17cm
作者：满开慧
送评人：满开慧

紫水晶一直被视作最具梦幻色彩的水晶，与“幽梦”的主题有着韵致上的天然和谐。帘状的流苏长短不一，上直下曲，摇曳生姿，作品形制灵动，风韵十足。

绽放（系列）

优秀奖

材质：水晶、银
尺寸：耳环8×2.5cm；手镯5×6.5cm；项链5×26cm
作者：满开慧
送评人：满开慧

水晶的黄色光泽令人联想起太阳的光辉，与花朵般绽放的形制相搭配，仿佛一朵盛开的向日葵，充满朝气与活力。方中有圆的设计使得作品大方又不失柔美，风格新颖别致。

年年有余

优秀奖

材质：水晶、18K金
尺寸：2×4.8×1cm
作者：单江红
送评人：单江红

质地清透的水晶石被打磨成身形饱满的小鱼，金属配饰打造的鱼鳍、鱼尾和鱼眼使得细节和神韵进一步丰富起来，作品憨态可掬的造型不仅包蕴着“年年有余”的美好寓意，本身也令人忍俊不禁，分外有趣。

喜上眉梢

优秀奖

材质：水晶、18K金
尺寸：3×5×1cm
作者：单江红
送评人：单江红

晶体中间的包裹体非常像一支凌寒盛放的梅花，作品顺应此天然特征，营造了更为具象的梅花形制，既符合“喜上眉梢”的口彩，又彰显了自然之趣。

琵琶
优秀奖

材质：水晶、18K金
尺寸：1.9×4×2cm
作者：单江红
送评人：单江红

作品以椭圆形的水晶和金属框架组成了一个近似乐器琵琶的吊坠，古典的风韵呼之欲出，晶体中间独特的包裹体亦十分有趣，惹人遐思。

一带一路系列之“龙飞凤舞”
优秀奖

材质：黄晶、查罗石、苏纪石、18k金、钻石、尖晶石
尺寸：项链长46cm
作者：设计高进、制作张建国、吴治松
送评人：高进

黄与紫的撞色搭配令作品华美悦目，水晶坠子上刻画的龙凤图案包含着浓郁的祝福，与一朵圆形花朵互为映衬，倍显秀丽。

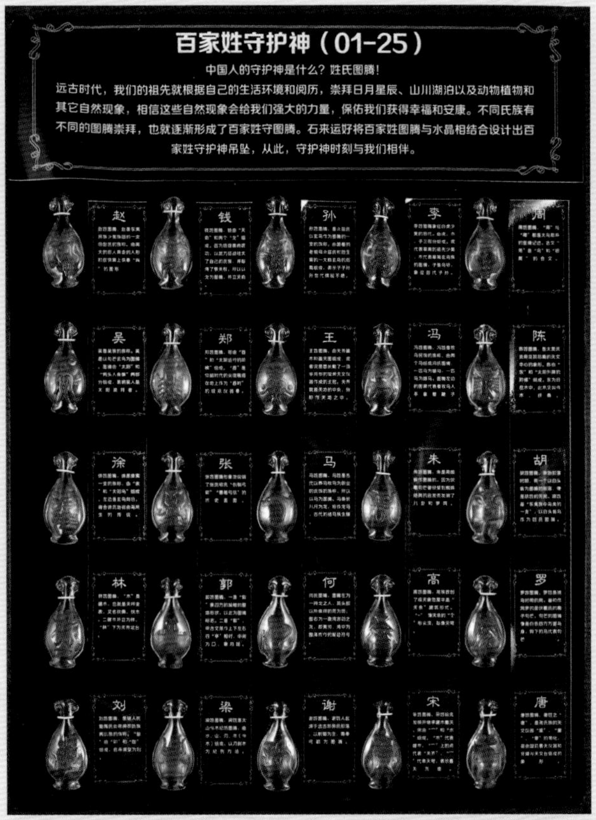

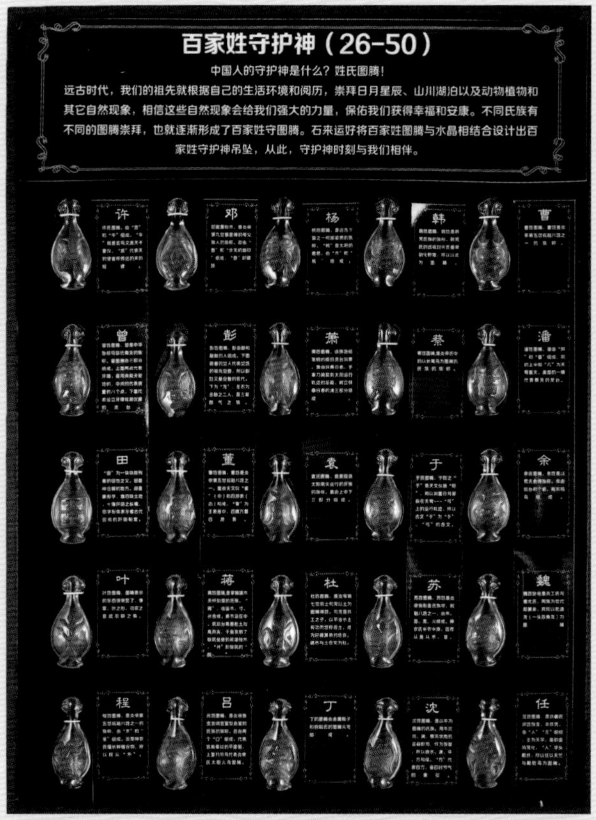

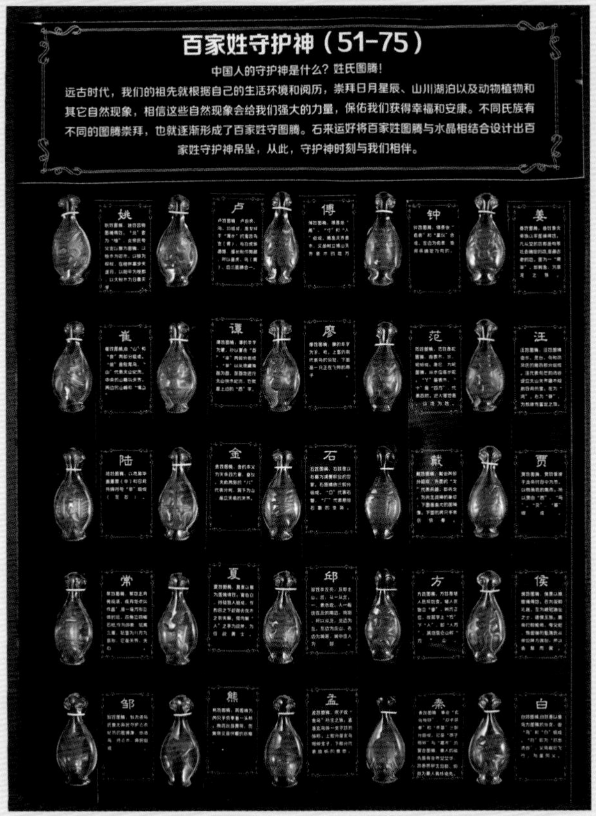

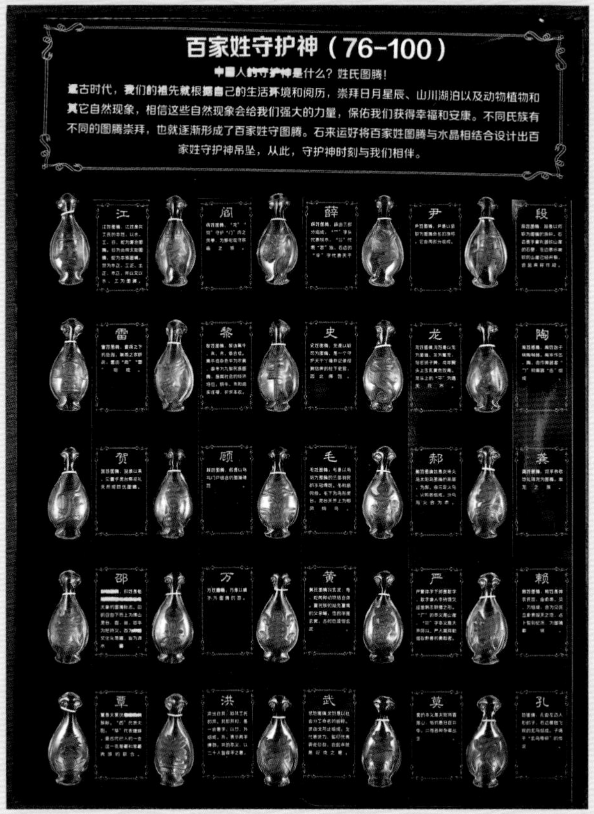

百家姓图腾水晶吊坠

优秀奖

材质：水晶
尺寸：5.5×2.5×1cm
作者：朱景强
送评人：朱景强

作品大形设计成瓶状，寓意“平安是福”，中间根据不同姓氏的出处、典故刻画出不同的图腾，变化多端，形象灵动，且充满神秘的气息，给人以无限的联想空间。

炫舞精灵
优秀奖

材质：水晶
尺寸：3×2.1×1.6cm
作者：李琳锋
送评人：李琳锋

水晶内部的包裹体形态奇趣，色泽多变，本身犹如精灵的杰作，充满神秘的气息，水晶石清透的质地，又使得包裹体的特征得到了充分彰显，仿佛一个封印，沉淀了一个故事，令人遐思万千。

带路鸽水晶吊坠
优秀奖

材质：水晶
尺寸：5×3×1cm
作者：朱景强
送评人：朱景强

瓶状的吊坠寓意“平安”，鸽子的形象也寓意“平和，安宁”，作品将两种含义近似的美好意象组合在一起，传达出浓郁的祝福。同时，鸽子展翅而飞的模样刻画精致，动感十足，与水晶通透的质地相呼应，充满灵气。

幽幽荷塘

优秀奖

材质：水晶、18K金
尺寸：3.6×2.7×1.8cm
作者：单江红
送评人：单江红

晶体内部色彩丰富，娇红和墨绿仿佛荷塘深处水草与鱼群的象征，充满自然真趣，惹人遐思万千，作品充分展示了晶体的天然美感，又搭配一支金属打造的小小莲叶，愈发点明了创作主旨，创意新颖，造型别致。

红红火火

优秀奖

材质：水晶、18K金
尺寸：2.4×3.4×1.1cm
作者：单江红
送评人：单江红

水晶内部如星点分布的包裹体独特有趣，令人联想起幽暗的夜色，水晶与金属底托组成一只小灯笼的形制，玲珑又古典，寓意温暖，韵致美好。

相濡以沫

优秀奖

材质：水晶
尺寸：5×3×1cm
作者：朱景强
送评人：朱景强

作品形制简约大方，方形水晶吊坠仿佛一块通透的冰，中间寥寥数笔勾勒出两尾小鱼，深情相依，精准地传达出“相濡以沫”的寓意，韵致素雅动人。

水晶之恋

优秀奖

材质：水晶、银
尺寸：4.9×2cm
作者：满开慧
送评人：满开慧

作品形制大方，细节考究，竹节般的挂链，长形晶柱的坠子，都给人以利落、干练的联想。通透的晶体亦象征着爱情的纯粹，整体风格娟秀大方。

星际
优秀奖

材质：S925、水晶（含绿泥石包裹体）、锆石
尺寸：6×6×1.8cm
送评人：王印

作品以泛着紫色和绿色的晶体组成一个星系的微缩模型，冷艳的色彩和充满想象力的设计呈现出无限的乐趣，令人赏玩不尽。大气张扬的韵致能够很好地衬托出女性的气质和魅力。

紫霞仙子
优秀奖

材质：发晶、18K金
尺寸：4.8×2.7×1.8cm
作者：单江红
送评人：单江红

紫色水晶中间布满不同走向的发丝，还有微微的金色和红色掺杂其间，天然品相奇幻、优美。以回形纹为设计亮点的底托大方端庄又略带冷硬的色彩，将紫霞仙子内柔外刚的个性表现得动人心怀。

心悦（系列）

优秀奖

材质：黄晶、S925
尺寸：吊坠3.4×2.2cm；戒指1.8×3cm ；耳饰3.4cm
作者：蒲昭
送评人：梦妮尔·丹品牌

晶体呈现淡淡的黄色，清透的质地、水果糖一般的品相给人以许多甜蜜的联想，绝佳的半圆弧度切工，具有艺术效果的内雕工艺，突出蜘蛛细致的轮廓，寓意“知足常乐”。

流金岁月（系列）

优秀奖

材质：发晶
尺寸：手镯6.4×5.7×2.4cm；耳环1.7×1.7×1.25cm；
戒指2.4×2.3×1.2cm；项链22×1.5×1.5cm
作者：钱可川
送评人：钱可川

内部金红丝线密布的水晶，恰到好处的色彩搭配和优雅形制的设计使得作品充满娇美、神秘的气息，韵致独特，仿佛是一段霞帔上截下的风情，惹人遐思万千。鲜亮的色彩令人目之所及，心生欢喜。

生活面具

优秀奖

材质：水晶、木
尺寸：43×27×26cm
作者：刘晋、张清
送评人：张清

作品运用木材和水晶两种材质制成，时尚新颖，别具特色。木材雕制的部分是一双张开的翅膀，简约对称；水晶作为作品的主体部分，以浅浮雕的手法进行表现，象征自然理想的花卉纹饰与象征现实社会的文字、圆圈、符号构成了一对矛盾，从而体现出生活的复杂，让人不得不带着面具生活。

水晶鞋

优秀奖

材质：水晶
尺寸：高3.5cm
作者：朱景强
送评人：朱景强

作品形制简约玲珑，娇美娟秀。取材《灰姑娘》童话故事，以白水晶的纯净无瑕隐喻着灰姑娘善良美好的品格以及她与王子之间的纯美爱情，包含着深深的祝福意味。

水晶鞋

优秀奖

材质：水晶
尺寸：高3.5cm
作者：朱景强
送评人：朱景强

作品以白水晶制作了一只圣诞老人的雪地靴，形制圆融可爱，充满童趣。

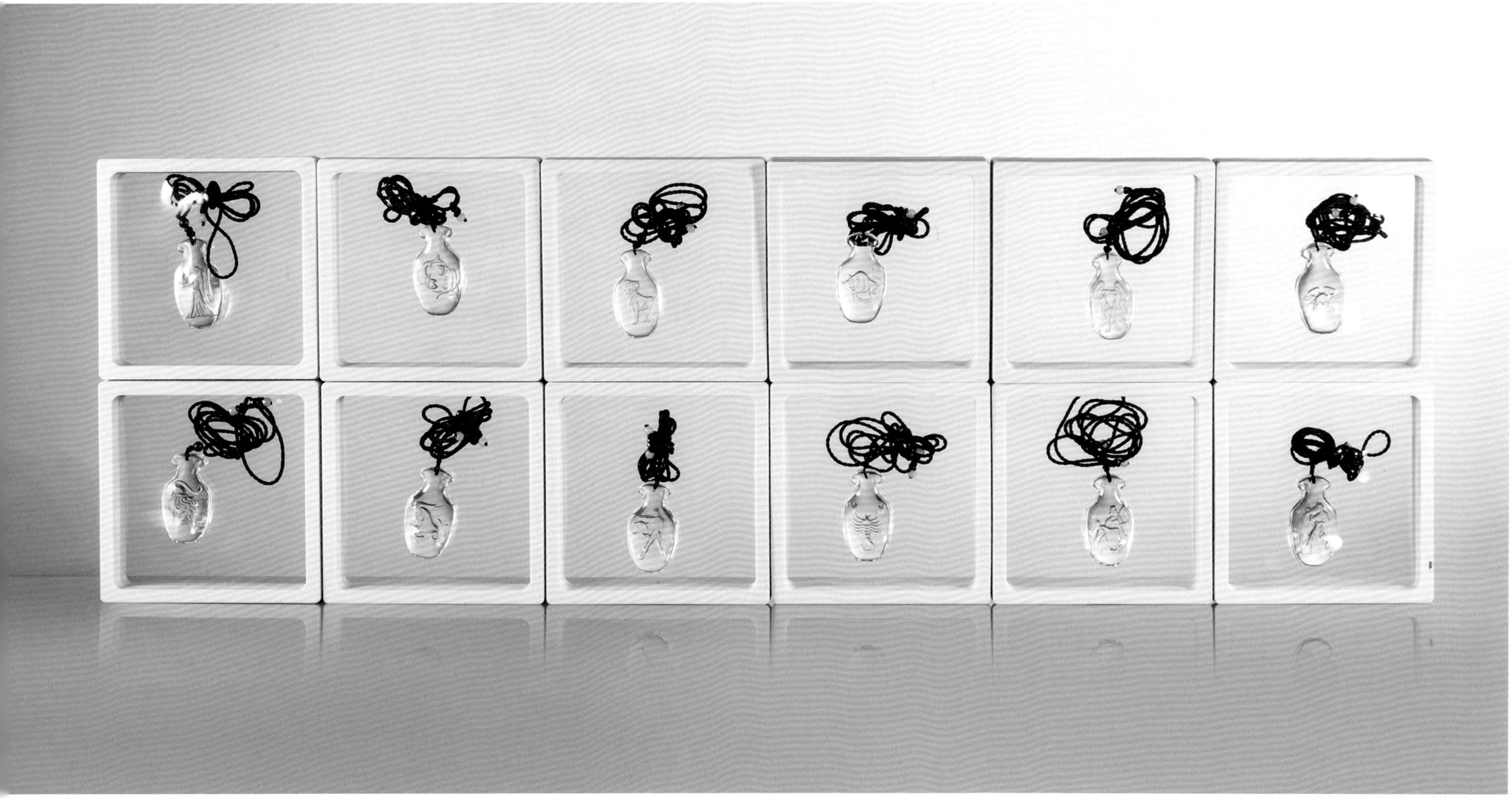

十二星座水晶吊坠

优秀奖

材质：水晶
尺寸：5×3×1cm
作者：朱景强
送评人：朱景强

作品晶体通透无杂，形制玲珑娟秀，简素大方，十二星座的代表符号被刻画在吊坠中心，对应不同星座的人群，有着“守护”和“祝福”的意味。

一带一路系列之“紫玉飘香”

优秀奖

材质：紫晶、18k金、钻石、星光红宝石、堇青石、无色蓝宝石
尺寸：项链长度46cm
作者：设计高进、顾意全，制作张建国
送评人：高进

黄金和紫水晶的搭配大气华贵，强烈的色彩冲击令作品鲜亮醒目。精致的掐丝倍显工艺精湛，形制灵动的“葡萄”充满田园意趣，作品设计新颖，韵致俏皮。

一带一路系列之“远航”

优秀奖

材质：黄晶、紫晶、18k金、钻石
尺寸：吊坠直径3cm；链长60cm
作者：设计顾意全 、制作田凤
送评人：高进

作品将色泽鲜亮的黄水晶和紫水晶完美镶嵌在一个船舵形的吊坠上，并搭配锚绳的形制，将一份浓郁的海上气息表现得生动有趣，“远航”表达着对远大前程的憧憬和信心，寓意吉祥。

风灵—项链

优秀奖

材质：紫黄晶、银
尺寸：14.5 × 19cm
作者：满开慧
送评人：满开慧

作品以独特的切割工艺呈现出坠子中央那颗紫黄晶的天然魅力，两种既梦幻又象征高贵的色泽在同一块晶体中交相辉映，美感十足。下方不规则的白银底托与两旁有着冰凌纹理的叶形配饰组合出新颖奇幻的感觉，令人遐思无限。

莲之韵（系列）

优秀奖

材质：水晶、S925
尺寸：吊坠3.4×2.5cm 戒指1.9×3.3cm 耳饰3.4cm
作者：蒲昭
送评人：梦妮尔·丹品牌

作品以清透无瑕的白水晶制成，独特的切割工艺使得水晶呈现出多个棱面，利用光线的折射愈发呈现出璀璨夺目的视觉效果。白水晶的清雅大方能够很好地衬托女性清纯、秀丽的形象。成套佩戴更显光彩照人。

滴水莲心
优秀奖

材质：紫晶
尺寸：3.8×4.0×1.2cm
送评人：张发用

作品华丽、古典，四颗色彩沉浓、光泽冷艳的紫水晶为主石，四周镶钻的设计更是带来了璀璨耀目的视觉效果，紫红色和黄绿色晶体的点缀丰富了作品细节，且增添了娇美的感觉，装饰效果甚佳。

招财进宝
优秀奖

材质：黄晶、18k金
尺寸：2.6×1.6×0.78cm
作者：王旭
送评人：王旭

晶体通透的质地，鲜亮耀目的金黄色泽，倍显高贵华美，如同花朵绽放的金属底托进一步彰显出水晶石的魅力，上方一枚小铜钱的设计更是新颖有趣，同时寓意“招财”，口彩吉祥。

来自星星的你

优秀奖

材质：黄晶、18k金
尺寸：5×3×1.2cm
作者：王旭
送评人：王旭

作品灵感来自热播韩国偶像剧，利用水晶石金灿灿的天然品相隐喻着唯美爱情的温暖和耀目，周围一圈小星星的围绕进一步烘托出浪漫的气息，给人以甜美、欢愉的视觉感受。

世界之树

优秀奖

材质：黄晶、18k金
尺寸：1.76×1.25×3.0cm
作者：王旭
送评人：王旭

作品以独特的切割工艺让水晶石呈现出多个棱面，光线从不同角度折射，呈现出璀璨华贵的品相，金属戒托的设计颇具匠心，给人以朴拙、奇幻双重感受，创意新颖。

异境
优秀奖

材质：芙蓉石
尺寸：7×3.4×3.5cm
作者：章藻藻
送评人：章藻藻

作品将一块粉色水晶雕琢成娇美盛放的花朵，长长的花蕊向上挺立，宛如舞蹈演员向上伸展的臂膊，修长纤细，风情万种。花托是一块不规则的金属，仿佛奇幻境地的一块岩石，是花朵的居所，神秘有趣。

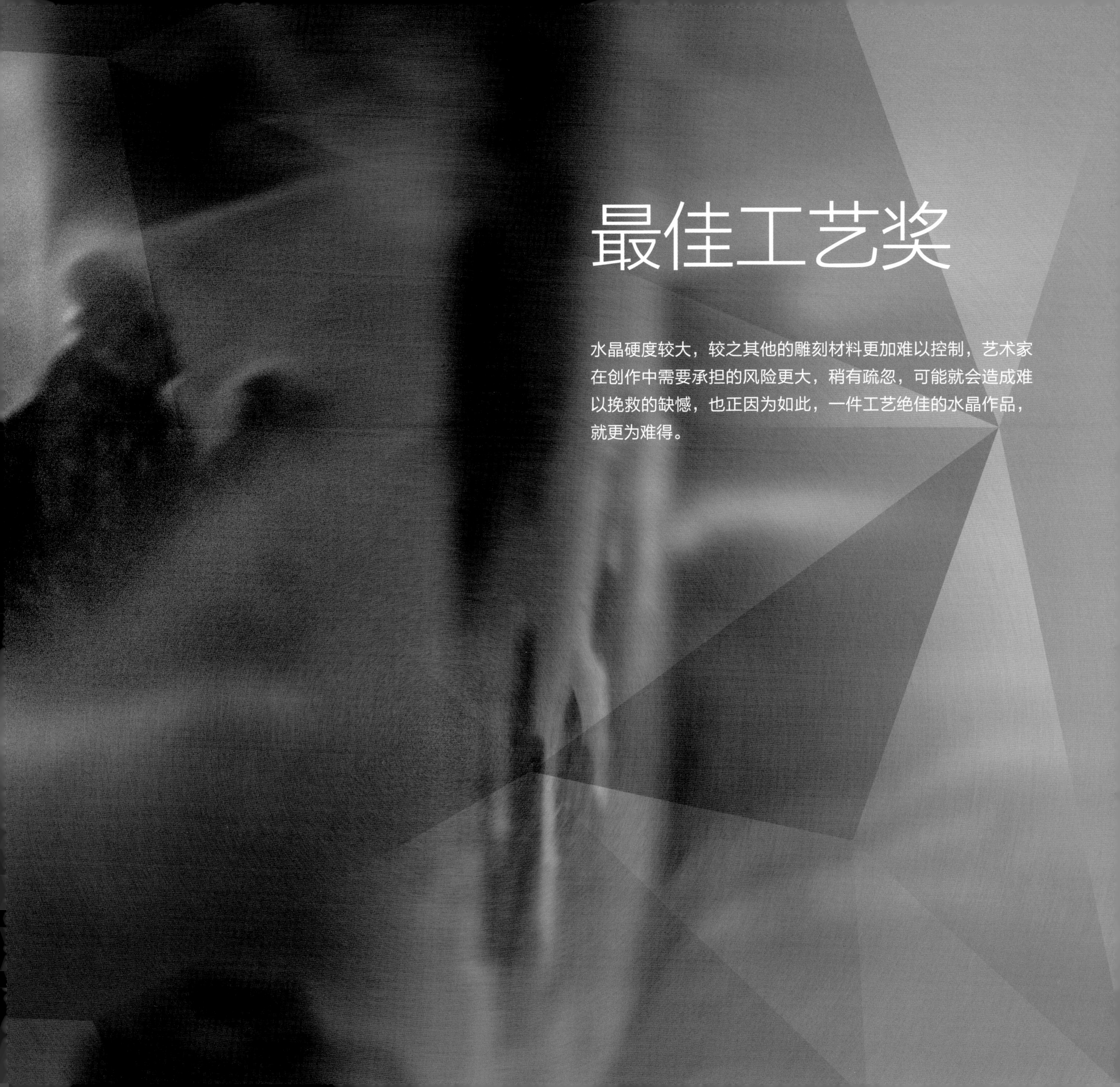

最佳工艺奖

水晶硬度较大，较之其他的雕刻材料更加难以控制，艺术家在创作中需要承担的风险更大，稍有疏忽，可能就会造成难以挽救的缺憾，也正因为如此，一件工艺绝佳的水晶作品，就更为难得。

晶非昔比

最佳工艺奖

材质：发晶
尺寸：13×13×10cm
作者：陈明见
送评人：张华

作者精细雕出两只抱水晶球的蜥蜴，一个球体晶莹剔透，一个则如波光潋滟。两只蜥蜴也形态各异，一只身形瘦长，一个略显肥硕，两只蜥蜴对望着，似初次见面好奇打量对方，又似老友重逢，画面极富故事性，引人遐想无限，可谓妙绝。

悟禅

最佳工艺奖

材质：烟晶
尺寸：22×15×13.5cm
作者：吴健和、李丽新
送评人：吴健和

一朵素莲幽幽绽放，花瓣半开半合，就像凝固在绽放的一刹那，极富动感。莲心中端坐一位僧人，身形清瘦，呈低首冥思状。莲花娇柔洁净，僧人虔诚安静，作者用这两个典型佛家意象营造出幽深、纯净之感，引人遐思无限。

长寿图

最佳工艺奖

材质：水晶
尺寸：3.5×4.5×1.5cm
作者：郭震
送评人：郭震

远观作品整体如水滴，内画的弧面处理让作品更显层次丰富，且折射出彩色光线，观之流光溢彩。内画传统长寿图，老寿星衣衫飘逸，颇有仙风道骨，身后童子手捧寿桃，天真烂漫，一旁蝙蝠环绕，寓意祥瑞，整幅画面满溢喜气，深得传统民间画的韵味。

龙壶

最佳工艺奖

材质：水晶
尺寸：24×19×15cm
作者：王万军
送评人：王万军

壶形饱满圆融，而两端龙形装饰则方正庄重，方与圆奇妙地融为一体，给人古朴、庄雅之感。最妙的是右侧的龙纹远观似龙尾，与左边龙首呼应。近看却又是一条抽象化的蛟龙，足见作者之用心。此外，壶体庄重的色彩与龙纹的晶莹剔透形成鲜明对照，令人久久难忘。

鹤趣
最佳工艺奖

材质：发晶
尺寸：70×50×30cm
作者：郑燕
送评人：郑燕

作品造型如高山巍峨，而无序的结晶排列则如草叶纷纷，真实可感。作者俏色巧雕出鹤群自在漫步的情态，仙鹤或引颈高歌，或与同伴相应，或埋首梳理羽翼，仙鹤身旁花木丛生，花朵娇艳可爱，整体观之作品满溢自然野趣，十分动人。

无量寿佛

最佳工艺奖

材质：水晶（含绿泥石包裹体）
尺寸：46×21cm（含底座）
作者：邹小林
送评人：倪建杀

作品呈现出原石的天然轮廓和质地，古朴自然。原石的独特肌理酷似岩石，使作品如洞窟佛造像一般庄重肃穆，令人敬畏。细看无量寿佛端坐莲台，头戴华冠，颈饰瓔珞，面庞饱满，法相慈和，足见作者雕工之精妙。

龙章

最佳工艺奖

材质：烟晶
尺寸：14.8×7.7×7cm
作者：韩萍
送评：应汶玉文化研究院

印章造型端正古朴，方正的底部和灵动多姿的蛟龙营造出庄重典雅的视觉效果。蛟龙盘尾呈坐姿，双目灵动有神，张口吐水，水柱正落在龙珠上，设计之巧妙足见作者用心。细看无论龙角还是细密龙鳞，作者都刻画入微，而哑光、明光的明暗对比更凸显出作者细腻的雕工。

最佳创意奖

水晶本身是大自然最富创意的杰作，独特的质地，神秘的能量，总是惹人遐思无限。而我们也很乐于去解读大自然留在水晶中的各种物语，去想象在过往的时光中，这份精彩绝伦是如何一点点被锻造，被磨砺。

转山

最佳创意奖

材质：水晶
尺寸：20×14×10cm
作者：翁祝红
送评：杭州良渚玉文化园菩提心晶工作室

“转山”是藏传佛教独特的一种祈福仪式，体现出高原民族对神佛和自然的信仰与崇拜。作者以剪影的艺术手法在晶莹剔透的水晶柱表面底侧刻画出转山叩拜祈祷的藏民。晶柱之中天然形成的洁白包裹体，恰似云雾缭绕、连绵高耸的雪山，透过水晶看去，一派冰雪神山的圣洁清冷之感。在影影憧憧的转山队伍中，我们似乎能听到悠长深远的呢喃颂经之声。

禅行人间

最佳创意奖

材质：水晶（含绿泥石包裹体）
尺寸：11.5×8×4cm
作者：阮晓果
送评：阮晓果

作者妙手经营，将色彩丰富多变的原石化作禅宗秘境，流动的线条勾勒出起伏远山，近处透明的块面则像山间清澈湖面，两位僧人低头并立，合掌冥思，整个画面庄重而纯净，宁静、玄远的意境极其打动人。更令人叫绝的是原料独特的纹理让作品更显真实，可谓妙得自然。

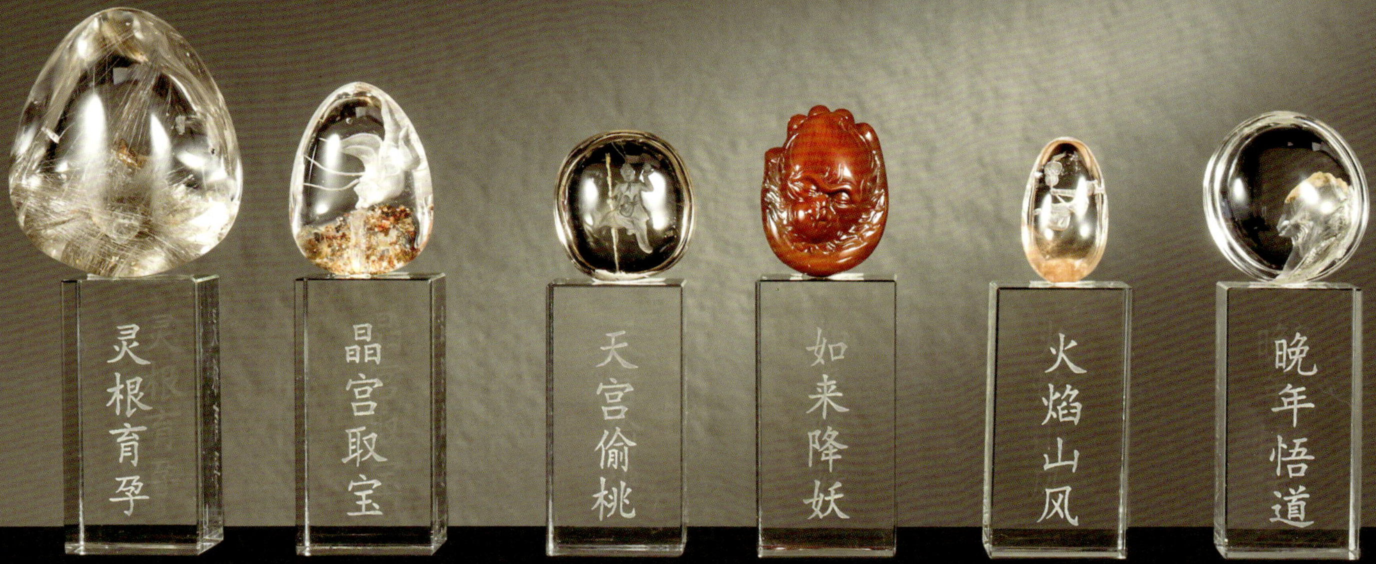

悟空——从妖到佛

最佳创意奖

材质：发晶
尺寸：54×18×32cm
作者：陈东来
送评人：陈东来

作者巧妙选取了从出生到得道的六大事件呈现出悟空波澜壮阔的人生轨迹，让观者看到一个立体的悟空，有自由不羁的一面，也有不畏艰险、为理想献身的一面。最令人称绝的是，每一件作品都完美利用了原石独特的色彩和结晶形态，自然灵动，让人久久难忘。

爱心传递

最佳创意奖

材质：水晶
尺寸：19×31×12cm
作者：张芹
送评人：张芹

作品整体造型为心形，原石特殊的色彩和质地呈现出如木制品的质感，十分独特。可爱的小丘比特趴在一侧，手中不再执箭，而是握着心形锁，与下方两只轻碰指尖的手遥相呼应，深化了传递爱心的主旨，引人遐想无限。

中国梦

最佳创意奖

材质：水晶
尺寸：31×25×18cm
作者：沈德盛
送评：东海水晶博物馆

原石透明的部分被作者精细雕出两位天真孩童，一总角幼童拥被而眠，面容沉静，另一孩童趴在幼童身旁执笔挥毫，似在描绘心中未来蓝图，又似给幼童造一个瑰丽梦境。作者为时代主题注入恬静的古典气质，可谓妙想独绝。更妙的是原石通体晶莹，黄色结晶光华灿烂，营造出如梦似幻的艺术效果，美不可言。

莲生妙相

最佳创意奖

材质：水晶（含绿泥石包裹体）
尺寸：26.4×12.5×9.8cm
作者：孙睿设计、苏鹏制作
送评人：孙睿

作品造型新颖独特，作者随料赋形，再巧妙切割，营造出简约明快的现代美感。观音妙相则取法传统，工笔画般细腻的线条勾勒出观音妙相，端庄肃穆。而原石特殊的质地远观如波澜壮阔，又如云海浩渺，愈发显得妙荷出水美不可言。

晨趣

最佳创意奖

材质：水晶
尺寸：15×9×3cm
作者：李立中、李帅
送评人：李立中

作品造型仿效传统插屏造型，端正古朴，边缘的纹饰更添几分灵动。作者俏色巧雕出花鸟小景，画面简约，如宋人花鸟小品清新雅致。而原石通体莹白，恰如晨雾弥漫，十分贴合“晨趣”的主题，且更添几分隽永绵长，可谓妙绝。

晶山双豹
最佳创意奖

材质：发晶
尺寸：50×40cm
作者：陈旭辉、吴子健
送评：东海县恒达珠宝有限公司：

作者巧妙造型，将猎豹的身体隐于山石间，水晶底部的大片针状内包物形似草原，整体呈现出自然生动、浑然一体的视觉效果。作者用简练有力的线条突出表现了猎豹的头部和前足，两头猎豹并行狂奔，昂首嘶吼，威猛之姿十分有震慑力，让人久久难忘。

睡着
最佳创意奖

材质：水晶
尺寸：17.5×13×8.5cm
作者：温东超、陈辉
送评人：陈辉

作者用流畅柔美的曲线勾勒出作品整体轮廓，观之如安静洞穴，颇具自然之趣。再精细雕出可爱婴孩，婴孩趴着安静睡着，天真无邪的睡态极富艺术感染力。此外，婴孩通体晶莹，暗喻孩子梦境的纯洁，十分巧妙。

《地藏王·法》组雕

最佳创意奖

材质：烟晶
尺寸：85×55×53cm
作者：刘忠山、刘易龙、周飞祥、陈禹潇
送评人：刘忠山

作品是一件以“法”为主题的佛教造像的组合摆件，作者以茶色水晶雕刻出两尊手持锡杖的地藏菩萨，一尊身体前倾，作诵经状，虔诚敬畏；一尊挺身仰面，不畏艰难，一心求法。两件作品表现了地藏菩萨在求法之路上不同的状态，处理手法高超，艺术风格统一。

后记

POSTSCRIPT

晶蕴东海

东海因水晶而闻名天下，东海因水晶而富裕和谐。旧石器时代，东海就开始了水晶的发现和利用。新中国成立后，“地方国营东海水晶 105 矿”，开采量高达全国的三分之一。近 30 年来，东海水晶专业市场规模上当属全国最大，特别是 " 一城一馆两园 " 的建设 , 让东海名副其实地成为了享誉海内外的水晶集散地和辐射中心 , 成为了 " 世界水晶之都 "。

在中国珠宝玉石首饰行业协会大力的支持下，在东海县委、县政府长期的培育下，在所有水晶人不懈的努力下，东海水晶文化产业已经成为一张闪亮的城市名片，已经成为一个百姓致富的康庄大道，已经成为一个有口皆碑的文化产业。“晶华奖”的展评活动，无疑成为了全国水晶行业创新发展的一面旗帜，无疑成为了水晶文化产业转型升级的一个助推器。

2016 年 2 月 2 日，中国东海水晶（新）城正式投入运营，一个以专业市场为基础，以水晶文化为导向，以信息化为手段，集研发、采购、批发、零售、服务多功能为一体的现代化平台启用，构筑了水晶文化产业持续发展的支撑体系。2016 年 5 月 27 日，中国珠宝玉石首饰行业协会和东海县人民政府联合主办了“中国水晶产业年会暨东海水晶产业发展大会”。会上，东海县提出了水晶产业“打造三大平台、抢占发展高地”的发展思路，表彰了一批水晶雕刻大师及优秀的水晶人、水晶企业，为水晶文化产业持续发展引航、助力。东海将以优质的服务、优美的环境彰显水晶的美丽与魅力，铸就福如东海的活力与引力。

朱国兵

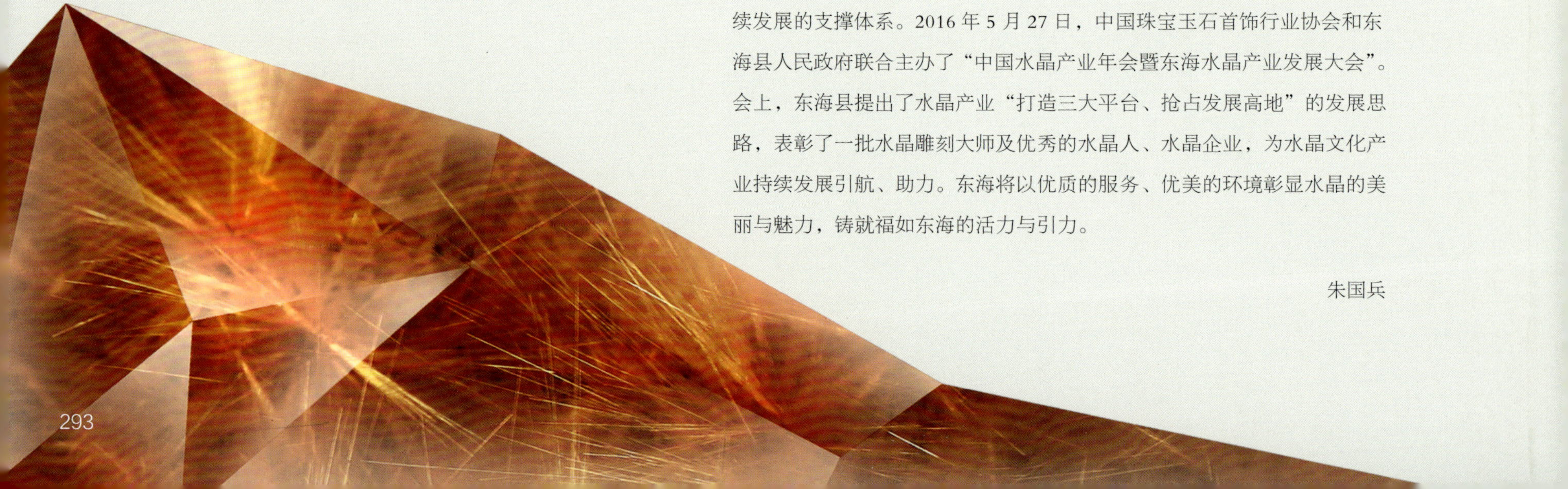

晶韵华章 二零一五年

总 监 制：北京博观经典艺术品有限公司

策　　划：张海翔 牛　磊

图片总监：王相飞

资深摄影：高　远

主笔文案：张玉鹏

编　　辑：赵玲玲 吕志会

设计总监：潘　敏

设 计 师：魏瑶娃

商　　务：王　灿

北京博観天下廣告有限公司

文化产业项目 · 品牌策略机构

荣誉出品

www.bggg2002.com

010-65262675

图书在版编目（CIP）数据

晶韵华章 / 中国珠宝玉石首饰行业协会编著．—桂林：广西师范大学出版社，2016.7

ISBN 978-7-5495-8393-5

Ⅰ．①晶…　Ⅱ．①中…　Ⅲ．①宝石－首饰－作品集－中国－现代Ⅳ．①TS934.3

中国版本图书馆CIP数据核字（2016）第149131号

广西师范大学出版社出版发行

（广西桂林市中华路22号　邮政编码：541001
网址：http://www.bbtpress.com）

出版人：张艺兵

全国新华书店经销

北京雅昌艺术印刷有限公司印刷

（北京市顺义区天竺空港工业区A区天纬四街7号　邮编：101312）

开本：787 mm×1092 mm　1/12

印张：25　　字数：190千字

2016 年8月第1版　　2016 年8月第1次印刷

定价：368.00元